U0138979

理論與實務

餐飲成本控制

Food & Beverage Cost Control

張金印 著

五南圖書出版公司 印行

自　序

　　時光荏苒，生命中有許多精采篇章，每一次轉折就是一個意外與驚喜。當初我從國際大飯店西廚房學徒，啓開我的飯店職涯，這一路走來頗有曲折，但是柳暗花明自有一番際遇。雖無乘風破浪之姿，然有入寶山未空手而回之喜，春華雖美，但期於秋實，豐收必在辛苦耕耘之後。

　　三十年前我剛從部隊退伍，於希爾頓大飯店開始了廚房學藝生活，自學徒萌芽，飯店如一座寶庫為我開啓，從一個英文破破的小學徒，不斷吸收與學習，七年之後被提升為點心房副主廚。在廚房階段幸得幾位老外主廚與副主廚的鼓勵與提攜，任我深入每一個廚房歷練，也讓我有機會參加競賽淬鍊自己，並有幸得到西點競賽金牌。工作之餘不忘補習英文與進修，這期間完成了大專會計學歷與美國AH&MA的餐旅課程。飯店裡許許多多的長官與同僚都是我的貴人，藉由我完成他們的點點期許。

　　1995年為我迎來了職涯中一大轉折，因緣際會，由於我不敢自詡的工作表現，財務長委我以重任，將成本控制室交付予我；由此進入另一個完全不同的領域。這是一段奇幻旅程的序幕，在此之前我對它並不熟悉，我更必須用成績來證明自己的價值。800多個日子似長非短，當時匆促交接有很多事情一知半解，這迫使我更努力求得答案，藉由書籍研究、不恥下問、對照與印證，在工作中學習摸索，將不懂弄懂，不知變知，這讓我更清楚成本控制的意涵與精髓。在這期間

我也爭取到機會，被派往國外連鎖飯店的成本控制部門進行海外實習，進一步了解飯店的成本控制系統。

成本控制室是會計部門的一個單位，它設置的目的不單只在於計算餐飲部門的食品與飲料成本，它更是一個會計稽核制度與系統，將餐飲部的所有活動，藉由成本控制系統，利用設計好的各式表單，一一的紀錄、計算、稽核、分析。成控部門全程參與每一個環節，積極扮演監督稽核與後勤支援的角色，更要不時提出成本分析報表，此外，還要參與餐飲部年度預算的編制。由於我來自廚房，也清楚內場的運作與文化，負責成控室後我以更積極的態度任事，充分配合餐飲部門並主動出擊，也做了一些調整與改變，贏得財務長與餐飲部協理的讚賞。其後他推薦我負責一個大型餐飲駐外據點，擔任營運經理一職；多年之後更成為我升任一個多餐飲據點的餐飲部協理的契機。可以說，成本控制的歷練與觀念，幫助我在往後的餐飲管理工作，建立起正確且清楚的模式與制度。

這一路走來有良師益友的指導與扶持，有個人努力追求的理想與目標。現在走進校園，正是希望將多年的積累，傳遞給未來的餐旅尖兵。成本控制就像一面鏡子，反射出目前現況；它也像一畝田，你奮力墾殖必將回報你豐碩的果實。此書以實務為導向，以虛擬為藍圖，期盼能為餐飲成本控制寫下完整的一頁。

張金印 謹識

2014.1.30

本書使用說明

　　飯店的經營管理自有其企業願景與專業，雖然餐飲成本控制著眼於標準與實際成本之對比，合理成本率之追求，預算目標之達成；且斤斤計較於營收與成本之數字，但是並不違背提供優質餐飲服務的企業理念。

　　成本控制是一種原則化、制度化、觀念化與標準化的系統，它所架構的理念與做法，是以國際連鎖飯店的格局做定義。成本控制系統主要是以表單控制為主、本書之編撰乃以實務為依歸，書中所提供之表單，係經過修改設計，目前國內各大飯店所使用之成控表單，有不少是從這個版本出發，以飯店自身規模及需求再加以修改而成。因此，建議使用者在設計成控表單時，也要從飯店的規模與會計制度著手，做適當的修改。雖然現代電腦軟體系統與e化的普遍使用，有許多地方已經可以滿足成控的基本需求，但是為了更充分的闡述成控的原理原則，作者仍不厭其煩的以傳統表單方式來做說明，尚祈見諒！只是各位在設計使用上可以因地制宜，並利用電子檔替代，將更有效率。時代不斷進步，這仍是一個在演進中的制度，我們在這前進的列車中可以取用與給予。

　　承蒙五南圖書之青睞，邀約撰寫此書，筆者不揣固陋盡力書寫，力求正確，但是難免有疏漏甚或謬誤之處，希望業界先進不吝指正！

本書撰寫期間承蒙老爺大飯店宋金良協理、前希爾頓飯店財務長李嘉三、採購經理康耀銓、會計主任李鴻仁……等人的指正與協助，在此一併致謝！

作者謹識

2014.1.30

CONTENTS
目　錄

第一章
緒　論

第一節　餐飲部門的重要夥伴

一、餐飲成本控制的意義與功能

　　餐飲成本控制部門（單位）之設置，在於定義、處理、支援與分析餐飲部門各營業據點（Outlet）之成本及其營收。並從整體之餐飲部門活動中，依照成本控制管理流程，密切參與並協助餐飲活動之進行，紀錄與分析各種相關報表之完成。本書所有論述僅針對餐飲部門，並將「成本」聚焦在「食品成本」與「飲料成本」上，其餘各項費用包含人事成本，皆以「費用」稱之，以示區隔。

　　一般而言，國際大飯店的組織編制區分為兩大營運部門，一為餐飲部門，一為客房部門。除此之外當然還有許多支援性部門，例如人力資源部門、財務會計部門、工程部門、資訊、業務行銷、採購、安全、公關、美工、總機……等。支援性部門的人力編制較少，從二人到數十人不等，但是餐飲與客房這兩大營運部門，人力編制卻是百人以上到數百人不等。

　　國際大飯店的營收，一般也分二大區塊，一為客房收入，一為餐飲收入。全世界大飯店的營收，多數為客房的收入大於餐飲收入，而在台灣的飯店業中，卻有許多是餐飲的收入大於客房的收入。大型飯店的餐飲部門，會設有各式各樣的餐廳與酒吧，例如：中餐廳、咖啡廳、日式料理、法式餐廳或異國料理餐廳……等。另外，飯店大都設有宴會部門，其大型宴會廳，可容納三四百人到一千人以上不等。其中，宴會廳的營收可佔整體餐飲部門營收的40～80%，甚至更多（許順旺，2005）。其主要原因在於國人無論公私活動，多藉由宴會廳以餐會方式舉行，因此造就宴會廳大量的營收。除此之外，由於餐飲服務是屬於勞力密集的行業，各餐廳、酒吧與據點內外場及餐務部門，都有許多人力的編制，因此，餐飲部是飯店內員工人數最多的部門。

「餐飲成本控制」單位雖屬於會計部門的編制，但是完全為餐飲部門工作，就如同餐廳出納一樣，由於成本控制與出納這二個單位的人力薪資，是歸屬在餐飲部門，因此，他們可以稱之為餐飲部門重要的夥伴。其工作內容從採購、驗收、倉庫、生產及銷售服務全程參與，每一個環節都有成本控制室的身影。國際大飯店的會計部門組織設計上，其單位名稱多半使用「成本控制」室，也有少數使用「成本分析」室，但是不管名稱有何不同，其功能都是一樣的。

二、成本控制的重要性

一家餐廳呈現虧損是許多原因造成的，餐飲成本控制的良窳，它不只關係著餐飲部門的利潤，更影響到整體餐飲服務的品質，甚至是營運的成敗。成本控制的重要性在於營運的淨損益，經驗值顯示，要賺到1萬元的利潤，需要做到約7至8萬元的營收，而在成本控制方面，只要省下1萬元，就是增加1萬元的利潤。

餐飲成本控制的環節多，從餐飲採購、驗收、直接進貨，倉庫領發貨、生產、銷售服務……等，都是可能出現人為疏失甚或弊端的地方。因此，如何設計一個理想的成本控制制度，選用具有優良品格的員工，依照制度管理的方式，實際的運作之後，相信將有很好的結果。

或許有人會問：誰應該對餐飲成本負責？是採購部門？是餐廳經理？是餐飲部協理？還是成本控制室主管？應該是所有參與餐飲活動的員工吧！但是，各廚房的主廚應該對食物成本負大部分的責任，飲務部主管也要對飲料成本負最大的責任，因為他們都是當然責任者。原因在於主廚從菜單的規劃設計，到標準配方表的建立，成本控制室協助計算出每一道商品的成本，之後售價的制定，開始營業後的進貨、領貨、加工烹調與出餐……，這都在主廚的指揮調度下完成，所以他必須承擔最大的責任。飲務部主管亦責無旁貸。

餐飲部門所創造出龐大的營收，如何切割分配與定義？成本如何計算？而餐飲成本又是佔所有開銷中最大的區塊，一般佔比約為總收入的30～35%。這牽涉到部門單位之績效與利潤，以及未來年終獎金與紅利之分配。且目前會計制度多以部門/單位利潤中心制度為依歸，而管理單位、後勤支援單位在龐大的餐飲組織活動中，也扮演著關鍵的角色。因此，健全的成本分析自有其重要性。

　　整體而言，成本控制是一種事前規劃控制、執行過程控制與事後稽核報告的成本管理系統，也是一個精密的管理制度。透過此制度來降低成本，提升品質，從而提高競爭力與獲利，乃是成本控制的意義與精髓。

　　茲列出成本控制的重要性如下：

1. 成本控制是涵蓋事前規劃、執行過程與事後稽核報告的全程制度。
2. 定義每一個餐飲活動環節與其功能。
3. 利用規格表單作為管理工具。
4. 積極參與餐飲活動的協助者。
5. 系統化、制度化與標準化的稽核者。
6. 及時發現問題並適時修正者。
7. 提供有價值的成本分析報表。

三、組織編制

　　由餐飲部組織圖（圖1-1）可以看出，餐飲部門內設有許多單位，每單位內又有許多小單位，人員編制眾多，餐飲活動頻繁，部門間來往密切。餐飲部辦公室內可能有餐飲部協理、副協理、餐廳長、秘書、助理等，一般而言，餐飲部副協理是輔佐餐飲部協理，協調管理餐飲部門的營運與人員。許多飯店可能會有二名餐飲部副協理，其中

一名負責餐廳外場的管理，扮演餐廳長的角色，另一名則是將重點放在廚房內場、餐務部、飲務部、客房餐飲服務部及員工餐廳……等。當然，員工餐廳一般是屬於人力資源部門管理，但人員及整體運作，又與餐飲部門息息相關：例如點心房早餐剩餘的麵包糕點、中西廚大型餐會的多餘餐食，可以送給員工餐廳使用，或者人力上的調派支援等，所以餐飲部有時也需參與協助管理。

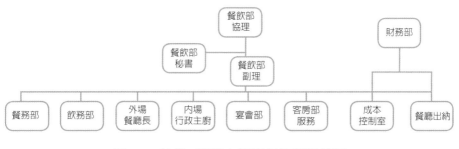

圖1-1　台北JJ國際大飯店餐飲部組織圖

其餘如：（圖1-2）飲務部組織圖、（圖1-3）餐務部組織圖、（圖1-4）外場服務部門組織圖、（圖1-5）內場廚房組織圖及（圖1-6）宴會部門組織圖等，每個單位因應業務上的需求，各有許多人員編制，這些單位組織與功能將在後面的章節中予以詳述。

若要了解餐飲部門的活動，需從餐飲部門的組織編制著手，茲以「JJ國際大飯店」為藍圖，虛擬了一個擁有七個餐廳、三個酒吧及一個大型宴會廳的餐飲部組織圖說明如下：

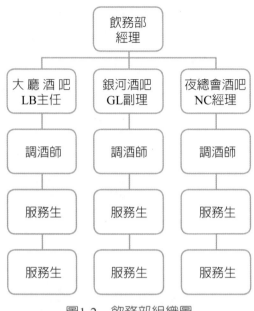

圖1-2　飲務部組織圖

圖1-3　餐務部組織圖

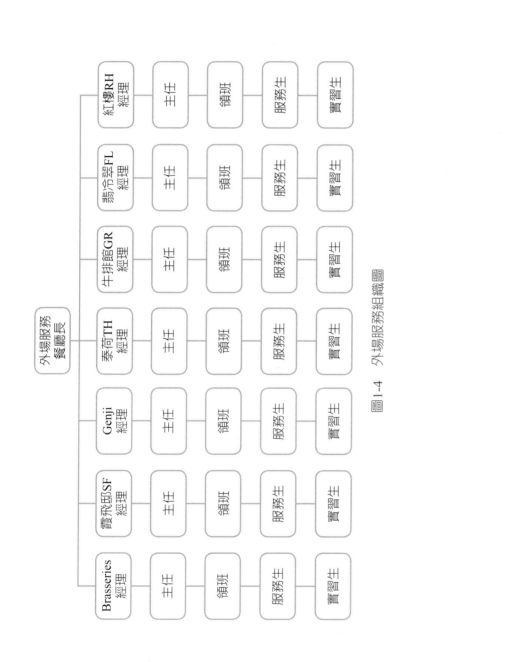

圖1-4 外場服務組織圖

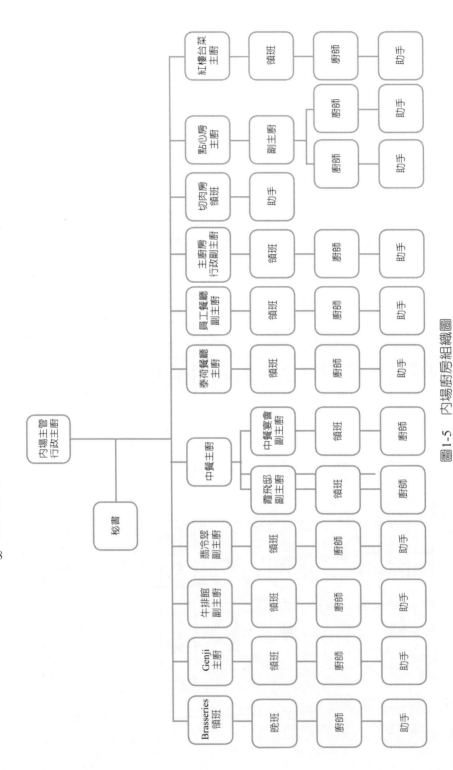

圖1-5　內場廚房組織圖

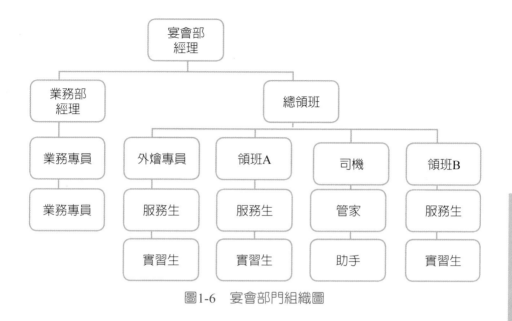

圖1-6　宴會部門組織圖

四、成本控制過程與步驟

1.成本控制過程

　　成本控制室是屬於會計部之內部稽核單位，負責餐飲成本之內部控制，其成本控制過程曾有學者以「餐旅成本控制流程圖」做了註解，其說法為：

　　⑴事前控制

　　⑵過程控制

　　⑶事後控制

　　另一名學者萬光玲（2003）在其餐飲成本控制一書中也提到「成本控制的三個階段」，其說法為：

　　⑴前饋控制

　　⑵過程控制

　　⑶反饋控制

根據筆者多年在國際連鎖飯店成本控制室的實務經驗，結合學者的論述，可以將餐飲成本之控制過程與工作內容，分成三部分參與，說明如下：

⑴前置規劃控制：包括菜單設計、標準配方表建立、產出率測試、成本計算、訂價策略、服務標準制定與預算編制等。

⑵執行過程控制：包括採購、市場調查、驗收、直接進貨、倉儲、發貨、生產、銷售服務、抽點等。

⑶報表分析控制：包括期末盤點、每周成本分析報表、迷你酒吧報表與月底結帳後之餐飲成本報告書之製作等。

茲以圖1-7表示：

前置規劃控制	執行過程控制	報表分析控制
1. 菜單設計 2. 標準配方表 3. 產出率測試 4. 成本計算 5. 訂價策略 6. 服務標準制定 7. 預算編製	1. 採購 2. 市場調查 3. 驗收 4. 直接進貨 5. 倉儲 6. 發貨 7. 生產 8. 銷售服務 9. 抽點等	1. 期末盤點 2. 每週成本分析報表 3. 迷你酒吧報表 4. 餐飲成本分析報告書

圖1-7 餐飲成本控制階段

2. 成本控制步驟

餐飲成本控制的步驟可以用企業管理之PDCA來概括說明，即是計劃（Plan）、執行（Doing）、評估（Critical）、修正行動（Action）。

⑴在計劃的步驟要做到標準的建立（包括標準成本、標準配方、服務標準）、營收預算的建立、菜單的規劃與設計、菜單價格的訂

定⋯⋯等。

(2)在執行步驟要做到依照餐飲管理原則從採購、驗收、倉儲、發貨、生產與銷售服務等，確實依循各種規定執行，記錄所有發生的成本與收入。

(3)在評估步驟要做到落實盤點制度，將實際成本與收入與預算目標比較，檢視其經營管理的績效，並做菜單分析與整體成本分析報告書。

(4)在修正步驟要從成本分析報告書中，找出缺失之處與改進的目標，並訂定改進計劃，修正錯誤，以提升整體績效。

第二節　成本控制循環與成本分析

一、餐飲控制循環

餐飲成本控制管理單位，在國際大飯店習慣上稱之為「餐飲成本控制」部門，使用飯店制定好的成本管理系統，利用許多表格（單），來一一記錄成本的流向，最後將成本資料，整理成各種不同的報告，提供給主管單位做為管理上的參考（請詳表1-1成本控制表格一覽表）。而實際上這就是一種成本分析的作業流程，在整個餐飲活動中，以一個月為一個期間，從期初開始，每天的進貨、領貨、生產製備、供餐服務⋯⋯等，到期末做完實際盤存，便可計算出當月的實際成本。

根據（Jack.D. Ninemeier，1986）在Planning and Control for Food and Beverage Operations一書中提到的一個說法：『The Operating Control Cycle』：

1. Purchasing
2. Receiving

3. Storing

4. Issuing

5. Production (Preparing, Cooking, Holding)

6. Serving

　　國內許多有關成本控制的書籍，都曾引用這個『餐飲成本控制循環』的說法，可是卻不曾注意到，在驗收之後，有一半以上的生鮮貨品已直接進入廚房和生產單位，並不曾進入「倉庫」。如果以小型餐飲規模而論，更是沒有建立倉庫，也就直接省略倉庫這一環節。※註：台北維多利亞酒店（2007開幕）之餐飲管理設計，並未建置倉庫，即省略倉庫此一環節。

　　其後1990年「台北凱悅大飯店」（後更名為君悅大飯店）成立時，採取中央廚房倉儲的做法，中央廚房倉儲尚包括「前處理區」、切肉房等。所有餐飲進貨品項，全部都需進入中央廚房倉儲，有些品項材料需要事先經過加工處理，有些則不需要。使用單位再根據需求，開立領貨單向中央廚房倉庫領貨。當然這種做法事前必須重新計算所有材料的成本，屆時做成本分析時，才能有正確的數值。如此一來，就完全符合上述這個說法。

　　然則以筆者個人見解，國內採取這種做法的飯店，並不多見。且筆者曾經於國際大飯店工作期間，被派往海外多家連鎖飯店做海外實習，見過的飯店都不曾有這種中央廚房倉儲式的做法，因此，『餐飲成本控制循環』的說法，或許適宜做如下的更動：

　　1. 採購

　　2. 驗收

　　3. 直接進貨

　　4. 倉庫（進貨）

　　5. 領發貨

6.生產（製備、烹調、供應）

7.服務

　　因此，筆者以實際觀點進行修改，茲整理出餐飲成本控制循環，請詳下圖（圖1-8）。

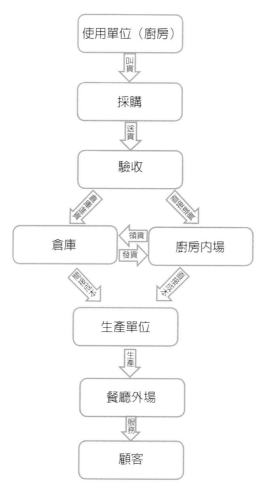

圖1-8　餐飲成本控制循環圖

二、成本分析與帳務調整

　　餐飲成本是一連串餐飲活動之結果，其計算公式為：期初存貨＋本期進貨－期末存貨＝本期成本。除此之外，後面還包括餐飲成本的加減項，部門間成本費用的移轉，這些都需要在結帳時，一併做調帳，才能正確計算出實際成本（請詳第15章，餐飲成本分析報告書）。

　　有了正確的成本分析，還需要每個餐廳的正確營收，才能計算出每一個（餐廳/部門/廚房）的成本率。餐飲部門相當龐大，營業據點多，餐飲成本的歸屬需要被定義，可能是以生產單位（成本）為中心，也可能是以各據點（收入）為中心，最簡單的方式是以整個餐飲部為中心，那就只需要計算整體成本即可。一個設計嚴謹並且落實執行的成本控制系統，可以有效合理的分析出各據點的餐飲成本，此乃「餐飲管理」中「成本控制」的終極使命。

　　※我們將在後面的章節做實務案例的詳細說明。

　　不管使用「成本控制」或者「成本分析」，其目的都是一樣的，成本分析是成本控制的內裡精髓，成本控制則是成本分析的具體實現！

三、成本控制表格設計

　　餐飲成本控制是一循環不斷的餐飲活動，使用一系列經過設計的表單，利用這些各式各樣的表格來記錄所有發生的一切，並根據這些資料做出各種分析報表，提供給部門主管做經營決策的參考，所以我們可以說成本控制就是一系列的表單控制。歷史是久遠或並不久遠的過去，過去是可以被記錄的，紀錄得越完整，歷史資料也就越有價值。餐飲部門營運上的點點滴滴，都需要被記錄下來，而且是有系統有目的紀錄，這些經過設計的表單，便是為此上述目的而存在而被使

用。依據前述的三個成本控制階段，我們將本書中所有運用到的表格詳細彙整成一覽表，並依三個階段以不同序號做區分，以方便讀者檢視。

　　1.前置計畫階段計有──成01-12號

　　2.執行控制過程計有──採03-07、驗01-04號、成21-36號

　　3.報表分析階段計有──成41-52號

　　4.特殊設計計有──成61-63號

　　請詳表1-1，成本控制表格一覽表

表1-1　成本控制表格清單（Food & Beverage Control Form List）

成本控制階段 Control Step	編碼 Code	中文　　Chinese	英文　　English	備註 Remark
前置計畫	成-01	餐飲部門預算表-	F&B Department Revenue Budget	F&B
	成-02	標準配方表	Standard Recipe	F&B
	成-03	標準菜餚成本表	Standard Menu Cost	F&B
	成-04	餐飲行銷活動計劃	F&B Monthly Marketing Plan	F&B
	成-05	市場行銷活動計劃預算表	F&B Monthly Marketing Budget	F&B
	成-06	雞尾酒價格與成本分析清單	Cocktail Price & Cost Analysis	B
	成-07	烈酒類價格與成本分析清單	Liquor Price List & Cost Analysis	B
	成-08	葡萄酒價格與成本分析清單	Wine Price List & Cost Analysis	B
	成-09	迷你酒吧價格與成本分析清單	Mini Bar Price List & Cost Analysis	B
	成-10	迷你吧通知單	Mini Bar Notification Sign	B

成本控制階段 Control Step	編碼 Code	中文　　Chinese	英文　　English	備註 Remark
	成-11	迷你吧標籤	Mini Bar Sticker	B
	成-12	迷你吧房客帳單	Mini Bar Guest Check	B
控制過程	採-03	採購規格清單	Goods Specification List	F&B
	採-04	供應商報價單	Supplier Quotation	F&B
	採-05	市場價格確認清單	Market Price List	F&B
	採-06	特殊請購單	Special Order	F&B
	驗-01	驗收單	Receiving Record	F&B
	驗-02	每日驗收報表	Daily Receiving Report	F&B
	驗-03	退貨單	Return Form	F&B
	驗-04	折讓單	Allowance Form	F&B
	成-21	市場叫貨清單	Market List	F
	成-22	宴會訂席單	Function Order Form	F&B
	成-23	餐飲收入三個月預測表	Forecast for Three Month	F&B
	成-24	倉庫領貨單	Storeroom Requisition-Food/Beverage/	F&B
	成-25	部門轉帳單	Inter Department Transfer	F&B
	成-26	產出率測試表	Yield Test Form	F
	成-27	廚房烹調測試表	Cooking Test Form	F
	成-28	肉品切割與烹調測試表	Butchering Test Form	F&B
	成-29	食品盤存控制紀錄表	Food Inventory Control Record	F

成本控制階段 Control Step	編碼 Code	中文　　Chinese	英文　　English	備註 Remark
	成-30	倉庫盤點表	Storeroom Inventory Form	F
	成-31	廚房成本紀錄表	Kitchen Cost Record	F
	成-32	食品與飲料報廢表	Spillage and Spoilage Report	F&B
	成-33	員工餐成本紀錄表-	Employees Cafeteria Cost Record	EM
	成-34	飲料盤存控制紀錄表	Beverage Inventory Control Record	B
	成-35	迷你吧樓層控制表	Mini Bar Floor Control Record	B
	成-36	酒吧小倉庫週盤點表	Bar Store Weekly Inventory	B
				A
報表分析	成-41	餐飲收入報表 週報	Weekly Cost Report	F&B
	成-42	餐飲收入分析表	Food & Beverage Revenue Report	F&B
	成-43	倉庫盤點差異計算表	Storeroom Inventory Taking Variation	F&B
	成-44	倉庫盤點差異報表	Storeroom Inventory Variation Report	F&B
	成-45	容器壓金報表	Report of Deposit Containers	F&B
	成-46	存貨周轉率報表	Inventory Turnover Report	F&B
	成-47	食品成本調節表	Food Cost Reconciliation	F
	成-48	飲料成本調節表	Beverage Cost Reconciliation	B
	成-49	迷你酒吧營收分析報表	Mini Bar Report	B

成本控制階段 Control Step	編碼 Code	中文　　Chinese	英文　　English	備註 Remark
	成-50	實際與標準飲料銷售/成本摘要	Beverage Sales And Potential Analysis	B
	成-51	餐飲部餐廳損益分析試算表	F&B Outlet Profit and Loss Report	F&B
	成-52	餐飲營運趨勢分析	F&B Trend Report	F&B
特殊設計	成-61	外店專用餐點訂單	Outside Operation Order Form	F&B
	成-62	外店專用餐點簽收單暨退回	Outside Operation Returned Form	F&B
	成-63	寄賣商品盤點表	Consignment Inventory Form	F&B

第三節　小結語

　　成本控制的作法因人而異，因地而不同，規模、文化、組織的差異、甚至國家法令都會有不同的影響，最主要是企業的需求是甚麼？成本控制系統可以根據飯店的特性，量身打造，設計符合飯店需求的控制系統。未來是e化的時代，許多紙本的表單都將改成電子表單，並且可以連結到電腦系統，許多工作也將更加簡化，甚至省略。電腦的普遍應用與觀念的改變，早期從人工作業方式延續下來的做法，已經被不斷的修正與調整。成本控制是會計制度的一部分，總之，只要掌握住原則，可以根據飯店自身的需求，而作適度的修改。

名詞解釋

1. 成本（Cost）：本書所稱之成本，單指餐飲成本，（餐）指食品、食材之成本，（飲）指飲料之成本，包括含酒精類與非酒精類之飲料。

2. 人事費用（Personnel Expense）：即人力資源相關之費用，皆稱為人事費用而不稱人事成本，以避免與成本混淆。包含薪資、勞健保、紅利、年終獎金、員工福利、教育訓練、加班費、旅遊⋯⋯等。

3. 內場：指未直接與顧客接觸之餐飲部員工，包括廚師、餐務人員。

4. 外場：指直接服務顧客的餐飲部員工，包括餐廳幹部與服務人員。

5. 成本率（Cost Ratio）：指成本除以收入，用百分比表示，例如：成本為NT$3,350,000，收入為NT$10,000,000，成本率＝33.5%。

6. 採購（Purchasing）：指飯店採購部門專門負責餐飲食材與飲料的採購人員。

7. 驗收（Receiving）：指負責餐飲食材與飲料品項之驗收人員，是品質與數量的把關者。

8. 倉庫（Store）：指食品倉庫與飲料倉庫，各有專責倉庫管理員。

9. 直接成本（Direct Cost）：指餐飲食材經過驗收後，不進倉庫，直接進到使用單位（廚房或餐廳）。

10. 間接成本（Indirect Cost）：指餐飲食材經過驗收後，進入倉庫，使用單位（廚房或餐廳）再根據需求開立領貨單，經主管簽核後再到倉庫領取貨品。

11. 發貨（Issuing）：指倉庫管理員接獲領貨單之後，檢視領貨單是否有權限主管簽名，將單上的食材依需求數量預備好，等使用單位人員來領貨時，再一一與之核對，並請其簽領。

12. 中央倉儲（Central Store）：中央倉儲包括前處理區、切肉房等。所有餐飲進貨品項全部都需進入中央倉儲，有些品項材料需要事先經過加工處理，有些則不需要。使用單位再根據需求，開立領貨單向中央

倉庫領貨。

13. 生產（Production）：指廚房或吧檯人員接獲訂單（點菜單）後，將預備好的食材經過加工切割、製備烹調以供餐的程序稱之。

14. 訂單（點菜單）：在餐廳一般英文稱之為Captain Order，若為宴會廳使用的訂單，則稱之為Function Order Sheet。其中餐廳之Captain Order已可以用電子訂單取代，即所謂行動手持式裝置，如PDA，搭配POS點餐系統使用。

15. POS系統：指銷售點管理系統（Point of Sales），又稱之為「點餐系統」，是餐廳生產銷售服務與出納作業的電腦化系統。

16. 銷售（Sales）：指餐廳服務人員將商品（餐點飲料）主動推薦給顧客，或接受顧客的點餐，並做後續服務。

A-story

生涯意外的轉折

其實Alex自己也和眾人一樣的意外！

懷抱著對飯店業的憧憬，他進入JJ國際大飯店開始全新的職涯，匆匆至今已經七年多了。從西廚房的學徒開始他的飯店旅程，在學徒這段期間，他有幸參加史考特主廚為學徒助手舉辦的內部訓練課程，為期一年，讓他有機會到每一個廚房實習，做過許多不同崗位。其後一路經歷過許多位外國主廚，由於他的努力好學，頗得到他們的賞識，職位不斷晉升，目前擔任點心房的副主廚，前一年還被派往日本的JJ大飯店進行海外實習。

去年底，行政主廚克勞斯（德國籍）問他，是否有興趣轉戰新的領域，他感到驚奇而一直猶豫不決，後來梁師傅（台籍行政副主

廚）告訴他最好不要去，希望他留在西廚副主廚的位置。梁師傅的看法認為這個職位工作內容敏感，複雜不好做，容易得罪人……，倒不如留在廚房繼續發展。後來有一天財務長周'R找他談話，經過一番分析後，讓他決定轉換跑道，挑戰這個全新的工作。因此，二月下旬Alex意外的接下成本控制室主任的工作，這個職務還兼倉庫主任，於是，他從西廚房轉到一個完全不同的領域。

農曆年過完，他就正式成為成本控制室主任兼倉庫主任。

然而，交接的過程是非常匆促的，因為原先的成控主任Michael一周後離職，他將去南部一家新的飯店，接任副財務長。在這匆忙的時間內，他從一個未曾碰觸飯店財務會計的人，要完全掌握這個部門，頗有時間壓力。但也因為他沒有任何預設立場，本身有商學背景，會計觀念正確，又是廚房出身，相當熟悉整個廚房的運作，其實銜接的還算順暢。很快的進入月底關帳，並且在月初結帳時，又透過電話向Michael請教了一些問題，再加上現在部門同事的協助下，終於順利完成了當月的成本分析報告書。

當Alex拿著報告書分送各相關單位時，一種新手上路的新鮮人感覺才開始在心裡盪漾，不知不覺間，他已經進入餐飲成本的控制循環了，未來之路，正等著他一步步更深入探索。

學習評量

1. 餐飲成本控制的意義與功能為何？

2. 請問誰應該對餐飲成本負責，為什麼？

3. 請說明成本控制的過程有哪些？各有那些工作內容？

4. 試劃出能夠處理100桌以上容量之宴會廳組織圖。

5. 請說明Jack. D. Ninemeier之餐飲成本控制循環為何？

6. 請說明本書定義之「餐飲成本控制循環」與上題學者所定義的有何差異？

第二章

成本控制的組織架構與工作職掌

第一節　餐飲成本控制主管

一、創造性的工作

　　餐飲成本控制室主管，負責食品和飲料的成本控制系統，並使其功能可以正確與完整的實施。在國際大飯店的組織編制中，成本控制室隸屬在會計部門裡，由圖2-1會計部門組織圖可以看出。根據飯店規模的大小，他所領導的辦公室至少兩個人以上，可以到五人。以本書虛擬案例而言，JJ國際大飯店屬中大型飯店（約680多個房間），因為成本控制室主任還兼任餐飲倉庫主任，所以整個部門的人力編制達到六人（請詳圖2-2成本控制部門組織圖）。

　　成本控制主管的作用是一個創造性的工作，並不單限制於報告的統計和數值。他直接向餐飲部協理報告和解釋，並利用系統所產生的信息，協助餐飲部協理，主廚和飲務部主管，重新檢視他們的菜單結構和銷售價格。也就是說標準配方表所計算出的每份成本，是否符合他們所建立的目標（成本率／毛利率）。這其中包括「菜單分析工程」，根據潛在的銷售和成本數據，及目前的市場價格，定期對實際銷售和成本進行檢視與核算。他在整個餐飲成本控制系統中扮演積極的角色，包括驗收的記錄檢視，發票與價格的核對，倉庫的進貨與發貨，領貨單的成本計算，市場調查、期末盤點以及成本分析報告書的編製……等。

　　他必須就餐飲成本控制系統所產生的相關信息，做出定期和每月的總結報告（餐飲成本分析報告書）；他是餐飲部協理的左右手，將採購、驗收、倉管、生產製備等範圍所產生的資訊，做成有用的分析報表，提供給財務長與餐飲部協理做經營決策的參考。

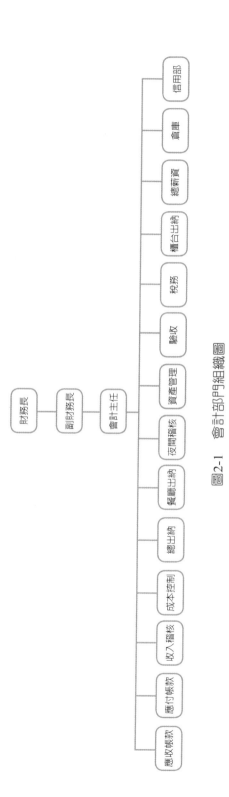

圖2-1　會計部門組織圖

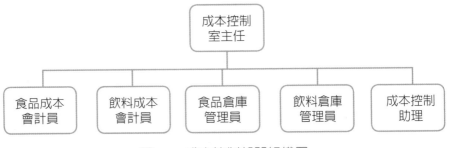

圖2-2　成本控制部門組織圖

設置餐飲成本控制系統的主要目的如下：

1. 控制管理食品與飲料倉庫的儲存與發貨。
2. 紀錄與比較各項餐飲收入。
3. 製作預估的實際成本報表，每週1到2次。
4. 紀錄與報告員工餐的餐點費用。
5. 計算與記錄餐飲部門的潛在成本。
6. 標準配方表的成本計算與資料建檔。
7. 迷你吧之存貨管理與營收分析
8. 標準菜餚成本的計算分析，份量、盤飾的確定，以及服務的控制。
9. 彙總並摘要每月的營運狀況，製作分析報告。

　　在後續的章節中，將詳細的說明成本控制室主管如何與餐飲部門協調合作，讓餐飲活動能順利進行。

　　請詳圖2-1會計部門組織圖。

二、成本控制主管的工作職掌

　　成本控制室主管的工作，是屬於積極參與的幕僚型，加上後勤支援的協調者，此外他也扮演一個稽核者的角色。他在整個餐飲活動

中不可或缺，並且銜接每一個循環控制點，對整體的餐飲營運提供協助，並對營運的結果忠實的呈現其完整的分析報告。一位稱職的餐飲成本控制主管，將有以下的工作職掌：

1. 幫助食品和飲料倉庫每月執行庫存盤點。
2. 每週的餐飲成本預估報告。
3. 分析飯店特色菜餚的每份成本。
4. 協助建立標準菜單的份量和盤飾以及服務。
5. 定期的分析餐廳和宴會菜單之銷售和潛在成本。
6. 食品的潛在成本的計算與記錄。
7. 實際的飲料銷售記錄之檢核。
8. 不定期辦理乾貨與冷凍食品的「產出率測試（Yield Test）」。
9. 不定期舉行重要食品的「烹調測試（Cooking Test）」。
10. 不定期協助切肉房進行「肉品使用率測試（Butcher Test）」。
11. 分析飲料食譜的銷售價格和潛在的銷售值的建立和記錄。
12. 統籌酒吧／庫房存貨管理的不定期抽查。
13. 編寫實際和潛在的飲料銷售及成本報告。
14. 每月底編製餐飲分析報告書。
15. 迷你酒吧營收分析報告。
16. 製作宴會廳使用率及收益分析報告。
17. 製作餐廳的營收損益報告。
18. 執行菜單分析工程。
19. 協助下年度餐飲部門營收預算的編製。
20. 參與餐飲部門每周例會與每月會議，並提出檢討與建議。

餐飲成本控制循環牽涉到許多部門，成本控制系統就是一個部門貫穿系統，面對採購部門、驗收單位、倉管單位、生產單位與服務據點等餐飲部門，成本控制主管不只是被動的做一些會計的工作而已，

他是相關部門間最重要的工作夥伴、監督者、供應者、協調者與顧問，它應該扮演更積極的角色，給予餐飲同仁最大的助力。

第二節　食品成本會計員

一、帳務稽核的工作

　　食品成本會計員（又稱控制員）主要負責食品類的成本分析，他協助成本控制主管處理有關食品成本的帳務稽核與計算工作，以及各餐廳收入的重新調整與確認。

　　成本的部分，有直接成本與間接成本兩部分：直接成本是指生產單位的直接進貨，當供應商送貨到飯店的驗收單位，驗收單位依據驗收單來驗收貨品，並填入正確的數量，再將貨品直接送到生產單位。間接成本是指生產單位開立領貨單，向倉庫提領所需貨品之成本。

　　餐飲收入是飯店各個營業據點，如餐廳、客房餐飲服務、酒吧、迷你吧與宴會廳等所有營收之總和。因為各點的收入有內部轉帳與分帳的問題，因此需要做帳務上的調整。食品成本會計員需要處理領貨單的成本核對計算，發票的金額與稅額之檢核，資料的電腦輸入，廚房間的內部轉帳處理，每週一至二次的食物成本報表，月底的盤點與月初的結帳等。他向成本控制主管負責。

二、食品成本會計員的工作職掌

　　1. 每週的餐飲成本報告（成控-41）。
　　2. 驗收單據與（食品倉庫）領貨單的成本核對計算。
　　3. 發票的金額與稅額之檢核。
　　4. 食品成本資料輸入電腦系統。
　　5. 幫助食品倉庫每月執行庫存盤點。

6. 食品的潛在成本的計算與記錄。

7. 協助切肉房進行「肉品使用率測試（Butcher Test）」。

8. 協助重要食品的「烹調測試（Cooking Test）」。

9. 協助乾貨與冷凍食品的「產出率測試（Yield Test）」。

10. 協助每月底編製餐飲分析報告書。

11. 製作宴會廳使用率及收益分析報告。

12. 協助製作餐廳的營收損益報告。

第三節　飲料成本會計員

一、帳務稽核的工作

飲料成本會計員與食品成本會計員分工合作，他主要負責飲料的成本計算。他協助成本控制主管處理有關飲料成本的帳務稽核與計算工作，以及各營業據點收入的重新調整與確認。

成本的部分有別於食品成本，分為直接成本與間接成本兩部分，飲料成本除非有特殊採購，都是間接成本。飲料的間接成本是指生產單位（吧台）開立領貨單，向飲料倉庫提領所需貨品。

飯店各個營業據點，如餐廳、客房餐飲服務、酒吧、迷你酒吧與宴會廳等都有飲料收入，因為各點的收入有內部轉帳與分帳的問題，因此需要做帳務上的調整。飲料成本會計員需要處理領貨單的成本核對計算，發票的金額與稅額之檢核，資料的電腦輸入，各酒吧間的內部轉帳處理，每週一至二次的食物成本報表，月底的盤點與月初的結帳等。他向成本控制主管負責。

二、飲料成本會計員工作職掌

1. 驗收單據與（酒庫）領貨單的成本核對計算。

2.發票的金額與稅額之檢核。

3.飲料成本資料輸入電腦系統。

4.幫助酒庫每月執行庫存盤點。

5.實際的飲料銷售記錄。

6.分析飲料食譜的銷售價格和潛在的銷售值的建立和記錄。

7.協助執行酒吧／庫房存貨管理的不定期抽查。

8.協助主任舉行「葡萄酒盲飲測試」

9.編寫實際和潛在的飲料銷售及成本報告。

10.迷你酒吧報告。

11.協助製作酒吧的營收損益報告。

12.每天都要製作一份飲料管制報告，詳列當天的營業量和營業額。

13.協助每月底編制餐飲分析報告書。

第四節　倉庫管理員

一、三度空間的樞紐

國際大飯店的倉庫可區分為三種，食品倉庫、飲料倉庫及一般倉庫，食品與飲料倉庫，是針對餐飲部門提供使用，一般倉庫則是提供給全飯店使用。一般倉庫為非餐飲品項之倉庫，內容相當豐富，有客房與餐飲部門的各種消耗性備品，營業器具、文具用品、布巾品項……等，乃至於美工物品、工程部門備品或是淘汰的設備……等，無所不包，它需要一個相當大的空間。JJ國際大飯店還在外縣市有一間很大的「外倉」，就是用來容納這許多的物品資產。一般倉庫之管理員與外倉管理員，隸屬財務部之資財單位，資財單位主管除了一般倉庫外，還負責全飯店的資產管理。

食品與飲料倉庫管理員負責倉庫的維護管理，並提供數量充足與新鮮安全的貨品給餐飲部門領用，因此，貨品品質與量的管理，便極其重要。新鮮貨品須每日盤點，以便能掌握確實數量，如此才能依照安全庫存量，補進正確足夠的貨品數量。

各使用單位的訂貨人員，確認需求與數量並叫貨後，採購部門即下單給供應商，並請供應商將貨品依照要求時間，送至驗收單位經過實際驗收，接下來就是餐飲材料的存貨管理。一名優良的倉庫管理員，可確保原物料使用的安全、方便，並可減少許多無謂的損耗。因此，如何訂定儲存與倉管原則，先進先出，控制核對庫存物料之領發，統計庫存量之報告，負責清點整理之工作，創造最佳的物料時間效用，以及負責倉庫之期末盤存等，都是倉管人員之天職。

二、食品倉庫管理員工作職掌

1. 收集並核對所有交貨單、發票、退貨單以及收貨報告。
2. 管制週期性的存貨。
3. 定期清查裝貨的空箱或容器，並列帳以便回收。
4. 定期清點庫存的食品及廚房中的食物，並與存貨清單互作比對。
5. 製作盤存（清點存貨）報告及盤存差異報告。
6. 保持永續性的食品存貨帳。
7. 保持食品容器押金帳。
8. 製作可退費的食品容器清單。
9. 製作期間性的存貨清單，以供定期與永續性的存貨帳相互比較，並供成控之用。
10. 製作存貨盤點報告，內容為貨品的種類及價值、庫存周轉率等。

11.製作食品類之滯留存貨清單（Slow Moving Items）。

三、飲料倉庫管理員工作職掌

1.收集並核對所有交貨單、發票、退貨單以及收貨報告。

2.管制週期性的存貨。

3.定期清查飲料空箱或容器，並列帳管理。

4.定期清點庫存的飲料品項，並與存貨清單互作比對。

5.製作盤存（清點存貨）報告及盤存差異報告。

6.保持永續性的飲料存貨帳。

7.保持飲料容器押金帳。

8.製作可退費的容器清單。

9.製作期間性的存貨清單，以供定期和永續性的飲料存貨帳相互比較，並供成控之用。

10.製作飲料存貨清點報告，內容為貨品的種類及價值、庫存周轉率等。

11.製作飲料類之滯留存貨清單。

第五節　成本控制會計制度

本書所採用的會計科目與表單之設計，有參考美國飯店及住宿協會American Hotel & Lodging Association 所出之「Uniform System of Accounts for Lodging Industry」及國際連鎖飯店之會計制度。再依國內飯店業之實際情況略作調整，其會計科目明細容或與有些飯店有差異，但須以各飯店自行定義為主。畢竟，每個國家有其會計與稅務準則，每家飯店情況不同，房間數與餐飲服務設施有極大差異，另外這也牽涉飯店所使用的資訊管理系統，各飯店乃要以營業內容及自身的需求去思考與重新設計。

名詞解釋

1. 潛在成本（Potential Cost）：指所售出之餐飲產品其所應有之成本。

2. 內部轉帳：指各部門從其他部門轉借之食材或餐點飲料，開立轉帳單做為成本之內部調轉。

3. 永續性的飲料存貨帳（Beverage Perpetual Inventory）：即是飲料倉庫之永續盤存表，記錄著每種飲料品項每次之進出帳及現有盤存數量。

4. 可退費的容器清單：指所有含有押金的貨品容器，食品倉庫與飲料倉庫皆有，例如：牛奶瓶（箱）、啤酒瓶（箱）、可樂瓶（箱）、紹興酒瓶、米酒瓶……。

5. 菜單分析工程（Menu Engineering）：餐廳經營一段時間後，可以為該餐廳之產品銷售做一番檢討，包括每項產品之銷售紀錄，成本、售價與銷售數量，如此可知每項產品的受歡迎程度與其毛利率，此分析工程可做為更換菜單的依據。

6. 市場調查（Market Survey）：市場調查可以配合採購部門一起進行，也可以獨自進行，主要目的是針對目前進貨品項的價格做市調，比較飯店購買價格與市場價格之差異。

7. 肉品使用率測試（Butcher Test）：是指針對切肉房所購進的大塊肉品，如豬肉、牛肉、羊肉，進行部位切割分解之測試與紀錄，以便了解每一份的肉品部位之實際單價成本。例如買進一大塊牛肉肋排，經過分割可以得到大肋排Prime Rib、肋眼牛排Ribeye Roll（帶骨或不帶骨）、牛小排Short Ribs（帶骨或不帶骨）、邊肉排Blade Meat與一些碎肉和油脂。然而除非飯店內設有牛排館（Steak House）與切肉房（Butcher Room），專門處理牛肉，大部分餐廳廚房並不需要做肉品使用率測試。僅需作產出率測試即可。

8. 營業器具（Operating Equipment）：是指餐飲服務所需的各項器具，

例如：銀器、瓷器、玻璃器皿...等。

9. 滯留存貨清單（Slow Moving Items）：是指倉庫內的某些貨品，有很長一段時間都無使用單位提領，除了造成資金積壓之外，也讓該貨品不新鮮，須設法用掉，因此列出一份清單謂之。

10. 會計科目（Accounting Title）：所謂會計科目是進行會計記錄和提供各項會計信息的基礎。它是對會計要素的內容，按照會計原則進行分類核算和監督的項目，也是編製會計憑證、設置帳簿、彙編財務報表的依據。會計要素有五大類，分別是：資產、負債、權益、收益及費損（成本與費用）。

A-story

Château Margaux

Alex第一個月都在忙著熟悉業務與報表，常常忙到很晚才回去。有一天晚上8點多，牛排館的經理打電話來說，有一位客人點了一瓶Chateau Margaux-1992，牛排館手中的庫存剛好前兩天賣完，尚未領貨，需要開倉庫緊急領貨。於是Alex 帶著鑰匙以及盤點表到酒庫，Tommy已經在門口等候了，他打開酒庫的門，兩人一起進入，開始尋找那支Chateau Margaux。

根據盤點表，這支酒目前應該還有3支的庫存，可是，當他們開始找的時候他發現貨架上的編號，並沒有依序排列，竟然是跳著放，而且有些葡萄酒直接放在棧板上，有些架上的葡萄酒卻是沒有編號。這樣影響了尋找的難度，頗費了一些時間，才終於在一個貨架角落找到這款Chateau Margaux。這款法國紅酒進價NT$8,850，是所謂波爾多五大酒莊之一的名酒，牛排館餐廳的售價為$18,800元。

Tommy急著簽好領貨單後，趕快將酒帶去餐廳，留下Alex一個人在酒庫內沉思。

這實在是一件不可思議的事情，倉庫管理的原則竟然未在這裡被落實，以簡單的常識判斷，香檳酒、白酒、紅酒及粉紅酒都需分區分類，不同國家地區的酒，也要分開才是。由於他到任後沒多久就碰上月底盤點，但因為他先熟悉食品倉庫的盤店作業，酒庫就由成控飲料專員Judy與倉庫管理員小陳負責，所以他尚未熟悉飲料倉庫的情形。

葡萄酒是一個相當專門的領域，在轉任成控主管之前，他對葡萄酒缺乏認識，之前上課時，有過簡單的介紹，但是極為淺薄。面對著眼前許多的葡萄酒，多半不認識，是哪一個國家、產區、葡萄品種、紅酒、白酒、香檳……等，又是以哪一國品質最佳呢？酒的名稱該怎麼讀呢？價格為何會有如許大的差異呢？這些是他應該加強的學習領域。

第二天上班時，他就找Judy與小陳討論酒庫管理的問題，並詢問小陳為何貨品沒照編號排列？小陳解釋說因為葡萄酒的消耗量不高，所以較常用的酒排在最外面，因為已經習慣了，所以他們也都很熟悉酒的位置……。聽著他們的解釋，Alex就指出昨天的臨時狀況，不熟悉的人進入倉庫，有可能會找不到酒，而且不管如何，倉庫管理不可因為個人習慣或方便而放棄規則，這樣其他人代班時，會造成極大困擾。

因此，他要求他們重新整理酒庫，所有葡萄酒都需上架，並且貼上品名及編號，分類依序排列。他也與他們一起動手整理，藉此熟悉這些新的工作夥伴，也順便增加葡萄酒的知識。這件事讓Alex再次認識到倉庫管理的做法與功能，而個人也會因為方便性而扭曲了一個規矩。

學習評量

1. 請說明成本控制室主管所扮演的角色。
2. 為何成本控制室主管的工作是創造性的工作？
3. 請說明成本控制主管的工作職掌。
4. 請說明食品成本會計員的工作職掌。
5. 請說明飲料成本會計員的工作職掌。
6. 請說明食品倉庫管理員的工作職掌。
7. 請說明飲料倉庫管理員的工作職掌。

第三章

採購與成本控制

第一節 餐飲採購作業流程

一、採購哲學

有一名老師在上採購學時問學生一個問題：

「採購的最高指導原則，是不是用最便宜的價格，買到最好的東西？」

全班同學都舉手表示認同，這時這名老師就說了：「你們都是笨蛋！」

「請問妳們會將最好的東西以最便宜的價格賣出嗎？」

這時全班一致說：「不⋯⋯會！」

「那麼你們怎麼可能用最便宜的價格，買到最好的東西呢？」

⋯⋯「那麼採購的最高指導原則是甚麼呢？」老師再問。

經過一番討論後，學生的答案仍然得不到老師的認同，最後老師提出一個觀點：「採購的最高指導原則就是，用最便宜的價格，買到品質適合的東西」。因為每個單位的需求不同，有高級餐廳也有平價餐廳，他們對品質的需求不同，因此須定義其需求規格。同樣都賣沙朗牛排，高級餐廳可能要用Prime等級，平價餐廳可能只要用Choice等級即可。所以採買要針對需求與規格來定義。

二、執行過程控制的起點

餐飲採購是成本控制階段之「執行過程控制」中非常重要的一環。當使用單位（包含廚房與吧台之生產單位）準備營業時，需要根據菜單備貨，所以每一個使用單位，要列出所需採購的品項清單，並且要註明每一品項之規格。採購清單需要予以分類，例如，食品大項可以分為：罐頭類、蔬菜類、水果類、牛肉類、豬肉類、羊肉類、海鮮類、家禽類（雞鴨鵝）、奶蛋類、南北雜貨類、進口食品類、烘

焙材料類⋯⋯等，飲料大項可分：烈酒類、葡萄酒類、乳品類、果汁類、碳酸飲料類、啤酒類、咖啡茶類、甜酒類⋯⋯等。

　　採購部門將所需的品項分門別類，予以編號，加上使用單位所要求的規格，製作出採購規格清單。然後，再尋找各類供應商，每一類最少都找到三家以上，再請供應商根據採購清單之需求規格提供報價單，再來就是進行比價、議價的程序，成控主管需不定期參與這個比價流程。

　　茲以JJ國際大飯店的採購清單規格說明如下：

　　表3-1採購規格清單中，採購人員已將所有品項逐一分類編號，品名定義清楚，規格說明完整，提供給優良供應商做為提供報價之用。JJ國際大飯店的採購規定，生鮮類包括：蔬菜類、水果類、牛肉類、豬肉類、羊肉類、海鮮類、家禽類（雞鴨鵝）、奶蛋類、雜項...等，每半個月為一期報價（1～15，16～月底）。因此，每月13、28號為報價與議價之日，供應商需於兩天之前將報價單送到採購部，以便進行比價作業（請詳表3-2供應商報價單）。

三、採購規格清單

範例　　　　　　　　　　　　　　　　　　　　　採-03

表3-1　*jj*國際大飯店　採購規格清單

編碼	品　名	規　格	單位	價格
	海鮮類			
1010001	King Prawn, Fresh 明蝦	10ea/kg（修清）	kg	
1010002	Garoupa Frozen 冷凍七星斑	1ea/kg	kg	
1010003	Garoupa Live 活七星斑	1ea/kg活魚	kg	
1010004	Small Abalone 九孔	40ea±/kg，活體	kg	
1010005	Sea Slug 婆蔘	發好	kg	
1010006	Cuttle～L 花枝（大）	2kg±/1隻	kg	

編碼	品　名	規　格	單位	價格
	蔬菜類			
1020001	Heart of Mustard Peeled 芥菜頭	半顆去葉	kg	
1020002	Golden Mushroom 金菇	150g/小包	kg	
1020003	Cabbage Chinese 山東白菜	新鮮無黃葉、蟲咬	kg	
1020004	Asparagus 蘆筍	新鮮翠綠（去頭修清）	kg	
1020005	Surgar Pea Shoot 大豆苗	新鮮翠綠	kg	
1020006	Onion Chinese 青蔥	新鮮1Kg/綑，帶頭去尾	kg	
1020007	Mushroom Chinese 草菇	新鮮1kg/pack	kg	
1020008	Mushroom French 洋菇	新鮮無黑班1kg/pack	kg	
	水果類			
1030001	Watermelon 西瓜	10-12kg/1ea	kg	
1030002	Havey Melon 蜜世界	2kg±/1ea	kg	
1030003	Honey Dew 哈蜜瓜	2kg±/1ea	kg	
1030004	Pineapple 鳳梨	2kg±/1ea	kg	
1030005	U.S.Orange 柳丁（進口）	5ea±/1kg	kg	
	豬肉品			
1040001	Pork Rib 小排	新鮮無異味、帶骨切段	kg	
1040002	Pork Neck 梅頭肉	新鮮無異味	kg	
1040003	Pork Minced Meat 絞肉	新鮮無異味、粗絞	kg	
1040004	Pork Belly w/Skin 帶皮五花肉	新鮮無異味	kg	
1040005	Pork meat Julienne 肉絲	新鮮無異味，瘦肉約 0.3cm×6cm±	kg	
1040006	Pork Lion Bone in 大排	新鮮無異味，帶骨每片 約200g	kg	

四、供應商報價單（表3-2）

範例

JJ 國際大飯店　供應商報價單
供應商：S01旭川海產行　　　　　　　　　　日期：XX X XX
聯絡人：王大空　　　　　　　　　　　　　　電話：XX XXXXXXXX

編碼	品　名	規　格	單位	價格
	海鮮類			
1010001	King Prawn, Fresh 明蝦	10ea/kg （修清）	kg	1100
1010002	Garoupa Frozen 冷凍七星斑	1ea/kg	kg	600
1010003	Garoupa Live 活七星斑	活魚	kg	850
1010004	Small Abalone 九孔	40ea/kg	kg	1240
1010005	Sea Slug 婆蔘	發好	kg	550
1010006	Cuttle ~ L 花枝（大）	2kg/1隻	kg	200
1010007	Salmon Fish鮭魚	進口冷藏-7-8kg/1ea	kg	400
	……			

JJ 國際大飯店　供應商報價單
供應商：S02小川海產行　　　　　　　　　　日期：XX X XX
聯絡人：趙三尚　　　　　　　　　　　　　　電話：XX XXXXXXXX

編碼	品　名	規　格	單位	價格
	海鮮類			
1010001	King Prawn, Fresh 明蝦	10ea/kg （修清）	kg	1200
1010002	Garoupa Frozen 冷凍七星斑	1ea/kg	kg	680
1010003	Garoupa Live 活七星斑	活魚	kg	780
1010004	Small Abalone 九孔	40ea/kg	kg	1200
1010005	Sea Slug 婆蔘	發好	kg	500
1010006	Cuttle ~ L 花枝（大）	2kg/1隻	kg	185
1010007	Salmon Fish鮭魚	進口冷藏-7-8kg/1ea	kg	500
	……			

jj 國際大飯店　供應商報價單

供應商：S03大山海產行　　　　　　　　　　日期：XX X XX

聯絡人：鍾大山　　　　　　　　　　　　　　電話：XX XXXXXXXX

編碼	品　名	規　格	單位	價格
	海鮮類			
1010001	King Prawn, Fresh 明蝦	10ea/kg （修清）	kg	1240
1010002	Garoupa Frozen 冷凍七星斑	1ea/kg	kg	680
1010003	Garoupa Live 活七星斑	活魚	kg	800
1010004	Small Abalone 九孔	40ea/kg	kg	1300
1010005	Sea Slug 婆蓼	發好	kg	450
1010006	Cuttle ~ L 花枝（大）	2kg/1隻	kg	170
1010007	Salmon Fish鮭魚	進口冷藏-7-8kg/1ea	kg	450
	……			

jj 國際大飯店　供應商報價單

供應商：V01三星行　　　　　　　　　　　　日期：XX X XX

聯絡人：李大德　　　　　　　　　　　　　　電話：XX XXXXXXXX

編碼	品　名	規　格	單位	價格
	蔬菜類			
1020001	Heart of Mustard Peeled 芥菜頭	去皮	kg	40
1020002	Golden Mushroom 金菇	小包	kg	80
1020003	Cabbage Chinese 山東白菜	新鮮無黃葉、蟲咬	kg	35
1020004	Asparagus 蘆筍	新鮮翠綠（修清）	kg	130
1020005	Surgar Pea Shoot 大豆苗	新鮮翠綠	kg	170
1020006	Onion Chinese 青蔥	新鮮無黃葉	kg	65
1020007	Mushroom Chinese 草菇	新鮮	kg	120
1020008	Mushroom French 洋菇	新鮮無黑班	kg	200
	……			

jj 國際大飯店　供應商報價單

供應商：V02五星行　　　　　　　　　　日期：XX X XX
聯絡人：吳啓銘　　　　　　　　　　　　電話：XX XXXXXXXX

編碼	品　名	規　格	單位	價格
	蔬菜類：			
1020001	Heart of Mustard Peeled 芥菜頭	去皮	kg	42
1020002	Golden Mushroom 金菇	小包	kg	85
1020003	Cabbage Chinese 山東白菜	新鮮無黃葉、蟲咬	kg	38
1020004	Asparagus 蘆筍	新鮮翠綠（修清）	kg	110
1020005	Surgar Pea Shoot 大豆苗	新鮮翠綠	kg	180
1020006	Onion Chinese 青蔥	新鮮無黃葉	kg	68
1020007	Mushroom Chinese 草菇	新鮮	kg	115
1020008	Mushroom French 洋菇	新鮮無黑斑	kg	210
	……			

jj 國際大飯店　供應商報價單

供應商：V03蔬原行　　　　　　　　　　日期：XX X XX
聯絡人：周　原　　　　　　　　　　　　電話：XX XXXXXXXX

編碼	品　名	規　格	單位	價格
	蔬菜類			
1020001	Heart of Mustard Peeled 芥菜頭	去皮	kg	37
1020002	Golden Mushroom 金菇	小包	kg	88
1020003	Cabbage Chinese 山東白菜	新鮮無黃葉、蟲咬	kg	40
1020004	Asparagus 蘆筍	新鮮翠綠（修清）	kg	120
1020005	Surgar Pea Shoot 大豆苗	新鮮翠綠	kg	190
1020006	Onion Chinese 青蔥	新鮮無黃葉	kg	60
1020007	Mushroom Chinese 草菇	新鮮	kg	110
1020008	Mushroom French 洋菇	新鮮無黑斑	kg	215
	……			

jj 國際大飯店　供應商報價單

供應商：F01百果行＿＿＿＿＿＿＿＿　日期：XX X XX＿＿＿＿＿＿＿

聯絡人：張小明＿＿＿＿＿＿＿＿＿＿　電話：XX XXXXXXXX

編碼	品　　名	規　　格	單位	價格
	水果類			
1030001	Watermelon 西瓜	10-12kg/1ea	kg	14
1030002	Havey Melon 蜜世界	2kg/1ea	kg	40
1030003	Honey Dew 哈蜜瓜	2kg/1ea	kg	35
1030004	Pineapple 鳳梨	2kg/1ea	kg	45
1030005	U.S. Orange 柳丁（進口）	5ea/1kg	kg	35
1030006	Local Orange 柳丁	4-5ea/1kg	kg	18
1030007	Kiwi 奇異果	28ea/1c/s	c/s	2000
1030008	Banana 香蕉	4-5ea/1kg	kg	28
	……			

jj 國際大飯店　供應商報價單

供應商：P01大有肉舖＿＿＿＿＿＿＿　日期：XX X XX＿＿＿＿＿＿＿

聯絡人：陳大有＿＿＿＿＿＿＿＿＿＿　電話：XX XXXXXXXX

編碼	品　　名	規　　格	單位	價格
	豬肉品			
1040001	Pork Rib 小排	新鮮，切4cm/小塊	kg	140
1040002	Pork Neck 梅頭肉	新鮮無異味	kg	100
1040003	Pork Minced Meat 絞肉	新鮮無異味	kg	80
1040004	Pork Belly w/Skin 帶皮五花肉	新鮮無異味	kg	120
1040005	Pork meat Julienne 肉絲	新鮮無異味，瘦肉約 0.3cmx6cm±	kg	90
1040006	Pork Lion Bone in 大排	新鮮無異味，帶骨每 片約200g	kg	115
	……			
	……			

當完成下一期之比價／議價程序，決定好所有品項之供應商之後，便需編制「市場價格確認清單」（請詳表3-3市場價格確認清單），並於下一期開始前發給各使用單位，以方便叫貨。

然則，除了上述生鮮類別之外的採購項目，包括所有飲料類與南北雜貨類、進口食品類、烘焙材料類及罐頭類等，其報價期間為三個月一期，採購流程則相同。

五、市場價格確認清單（表3-3）

範例　　　　　　　　　　　　　　　　　　　　　　採-05

jj 國際大飯店　市場價格確認清單

海鮮類：

報價有效期間：2013/7/1~2013/7/15

編碼	品　名	規　格	單位	價格	備註
	海鮮類				
1010001	King Prawn, Fresh 明蝦	10ea/kg（修清）	kg	1100	S01
1010002	Garoupa Frozen 冷凍七星斑	1ea/kg	kg	600	S01
1010003	Garoupa Live 活七星斑	活魚	kg	780	S02
1010004	Small Abalone 九孔	40ea/kg	kg	1200	S02
1010005	Sea Slug 婆蔘	發好	kg	450	S03
1010006	Cuttle ~ L 花枝（大）	2kg/1隻	kg	170	S03
1010007	Salmon Fish 鮭魚	進口冷藏-7-8kg/1ea	kg	400	S01
	……				
	蔬菜類				
1020001	Heart of Mustard Peeled 芥菜頭	去皮	kg	37	V03
1020002	Golden Mushroom 金菇	小包	kg	80	V01
1020003	Cabbage Chinese 山東白菜	新鮮無黃葉、蟲咬	kg	35	V01
1020004	Asparagus 蘆筍	新鮮翠綠（修清）	kg	110	V02

編碼	品　名	規　格	單位	價格	備註
1020005	Surgar Pea Shoot 大豆苗	新鮮翠綠	kg	170	V02
1020006	Onion Chinese 青蔥	新鮮無黃葉	kg	60	V03
1020007	Mushroom Chinese 草菇	新鮮	kg	110	V03
1020008	Mushroom French 洋菇	新鮮無黑班	kg	200	V01
	……				
水果類					
1030001	Watermelon 西瓜	10-12kg/1ea	kg	13	F02
1030002	Havey Melon 蜜世界	2kg/1ea	kg	35	F01
1030003	Honey Dew 哈蜜瓜	2kg/1ea	kg	40	F01
1030004	Pineapple 鳳梨	2kg/1ea	kg	42	F03
1030005	U.S.Orange 柳丁（進口）	5ea/1kg	kg	33	F02
	……				
豬肉品					
1040001	Pork Rib 小排	新鮮，切4cm/小塊	kg	120	P02
1040002	Pork Neck 梅頭肉	新鮮無異味	kg	105	P01
1040003	Pork Minced Meat 絞肉	新鮮無異味	kg	70	P01
1040004	Pork Belly w/Skin 帶皮五花肉	新鮮無異味	kg	115	P01
1040005	Pork meat Julienne 肉絲	新鮮無異味，瘦肉約0.3cmx6cm±	kg	90	P02
1040006	Pork Lion Bone in 大排	新鮮無異味，帶骨每片約200g	kg	120	P02
	……				

*備註欄為得標供應商代號

採購代表：　　　　　　　　　採購經理：

第二節　比價與議價

一、比價規範

　　比價與議價是採購方法中的一二種做法，相對於公開招標流程較為簡單。公開招標案多用於採購金額龐大，且需要較具資本規模的廠商，相關規定較為繁瑣，牽涉到資格標、價格標，又有押標金、履約保證金、工期、法律責任……等。大飯店餐飲之供應商，他們幫助飯店尋找所需材料，提供報價，定時送貨，事後收款，除了要吸收物價波動風險，尚需承擔二至三個月之票期，簡而言之，他們屬於綜合短程貿易服務商。所以，優良的供應商是飯店最佳的夥伴，因為他們提供了最佳的服務，除了準時送貨，品質良好之外，他們可以提供最新的市場訊息，或者食材樣本給使用單位參考。有時候還能幫助餐飲部門渡過緊急難關，尤其在接獲臨時訂單時，或是使用單位有狀況時，都需要他們緊急協助。

　　一般而言，每一類項的供應商都需要2～3家，當他們將報價單送來後，採購人員需檢查日期金額是否正確合理，與目前市價是否相當。這有賴於平時多注意收集物價情報，現在資訊方便取得，可以從果菜市場盤商交易價格、零售商價格，大宗物資躉售物價，台北農產運銷公司、行政院農業委員會農糧署農產品價格資訊網站…等，取得有用的資料。另外，可以不定時到果菜市場做市場調查，掌握第一手價格資料，更有助於比價與議價。

二、比價作業流程

　　比價作業流程如下：

　　1.分別產品類項報價單，如蔬菜類、豬肉類。

　　2.將各類各家報價單同樣品質規格品項逐一比較，價格最低者得

標。

3.將每一類項決定其供應商，採購價格確認清單。

我們以表3-2蔬菜類爲例，1020001芥菜頭，三星行報40元，五星行報42元，蔬原行報37元，於是芥菜頭決給蔬原行得標。1020003蘆筍，三星行報130元，五星行報110元，蔬原行報120元，於是蘆筍決給五星行得標。其餘以此類推。如此便可完成採購價格確認清單了！萬一，有某些品項沒有供應商報價時，怎麼辦呢？這時就需要採購人員逐一詢問，看哪一家供應商可以供應，並經議價之後，協調某一家供應商承做。畢竟這中間有許多協商的空間，尤其在颱風季節，蔬菜價格不穩定，有時甚至是虧本在做，但爲了維持與飯店的良好關係，偶爾犧牲一下，也有必要呢！

第三節　採購叫貨與驗收

一、市場叫貨單

當「採購價格確認清單」已發行給各使用單位後，各使用單位就可以開始叫貨了。在進入電腦化作業系統之前，飯店使用一種約A2尺寸的「市場叫貨清單」（Market List），裡面分門別類列了經常使用的生鮮品項，並保留了部分空白欄位，以便增加平常少用的品項或較爲特殊的品項。「市場叫貨清單」一般是由倉庫管理員，先填寫所需數量到倉庫欄位，中午倉庫關門之後，送到主廚辦公室。各廚房會將所需的生鮮品項列出清單，送到行政主廚辦公室，再由秘書將清單彙總到「市場叫貨清單」上，或由各單位領班自行填上。最後再由行政主廚或副主廚簽名確認，在下午3點之前送到採購部，以方便採購人員盡速進行叫貨。

二、「市場叫貨單」範例

請詳表3-4市場叫貨清單（成-21）。

範例　　　　　　　　　　　　　　　　　　　　　　　　　　成-21

jj 國際大飯店　市場叫貨清單

編碼	品　名	單位	冷廚	主廚房	咖啡廳	廚房一	廚房二	倉庫
	海鮮類							
1010001	King Prawn, Fresh 明蝦	kg						
1010002	Garoupa Frozen 冷凍七星斑	kg						
1010003	Garoupa Live 活七星班	kg						
1010004	Small Abalone 九孔	kg						
1010005	Sea Slug 婆蔘	kg						
1010006	Cuttle Fish ~ L 花枝（大）	kg						
	……							
	蔬菜類							
1020001	Heart of Mustard Peeled 芥菜頭	kg						
1020002	Golden Mushroom 金菇	kg						
1020003	Cabbage Chinese 山東白菜	kg						
1020004	Asparagus 蘆筍	kg						
1020005	Sugar Pea Shoot 大豆苗	kg						
1020006	Onion Chinese 青蔥	kg						
1020007	Mushroom Chinese 草菇	kg						
1020008	Mushroom French 洋菇	kg						
	……							
	水果類							
1030001	Watermelon 西瓜	kg						

編碼	品　名	單位	冷廚	主廚房	咖啡廳	廚房一	廚房二	倉庫
1030002	Haney Melon 蜜世界	kg						
1030003	Honey Dew 哈蜜瓜	kg						
1030004	Pineapple 鳳梨	kg						
1030005	U.S. Orange 柳丁（進口）	kg						
	豬肉品							
1040001	Pork Rib 小排	kg						
1040002	Pork Neck 梅頭肉	kg						
1040003	Pork Minced Meat 絞肉	kg						
1040004	Pork Belly w/Skin帶皮五花肉	kg						
1040005	Pork meat Julienne 肉絲	kg						
1040006	Pork Lion Bone in 大排	kg						
	……							

　　以往採購部門叫貨，多使用電話，後來使用傳眞機，進入電腦化之後，已可將叫貨單列印再傳眞給供應商。現今進入網路化之後，已使用網路e化作業，叫貨就更方便了！

　　當叫貨處理完畢之後，採購部門就必須製作驗收單，驗收單是根據供應商而分別開立，驗收單據內須有貨號、品名、規格、單位、數量，以及一欄實際驗收數量，這欄是留待驗收人員確實驗收後塡寫。驗收單之製作爲每天下班前，並列印出來交給驗收部門，以便隔天進貨時進行驗收作業。此部分留在下一章討論。

三、特殊請購單Special Order

　　特殊請購單是設計給有特殊需求，但是其需求品項又不在一般的

報價單上，或者是其品項有在一般的報價單上，但是因為臨時需求，供應商來不及備貨送貨，而使用的一種請購單。簡單而言，他是緊急狀況的採購行為，或是做為驗收時的補辦程序。請詳表3-5特殊請購單（採-06），其要點如下：

1. 它是一種緊急需求的請購單據。
2. 當使用單位與倉庫都沒有庫存時，緊急需要此貨品。
3. 它可能是使用單位自行在外採購之物品（開發新菜測試用，或是比賽需求），做為補單程序。
4. 實際做市場調查時（Market Survey）所購買之少量物品。
5. 申請購買不常使用之貨品。

表3-5　特殊請購單Special Order　　　　　　　　　　　　　採-06

使用單位：＿＿＿＿＿＿＿＿＿

日期：＿＿＿＿＿＿＿＿＿

品　　名	單價	數量	金額	備註

單位：＿＿＿＿＿＿＿＿　　　　　　驗收：＿＿＿＿＿＿＿＿

四、開放式採購單OPEN P.O.

開放式採購單是設計給採購專用之飯店備品，例如：洗髮精、香皂、牙刷、刮鬍刀、信封、信紙、鉛筆、Captain Order、紀念品……等。這些備品因為都有飯店的logo，是專門做給這家飯店用的，別家

飯店無法使用，為了壓低成本需大量訂做採購，但是倉庫又不適合一次大量進貨儲存，所以就運用開放式採購單，完成一次採購流程，決標後一年內多次分批送貨。此開放式採購單並不需要另外設計表格，只要在一般之採購單上註明是開放式採購單Open P.O.即可。

其特點分述如下：

1. 它是一種長期供應合約，多為國際大飯店專用的備品。

2. 屬長期合約，一年議價一次。

3. 可與廠商訂購一年的使用量，作成開放訂購合約，由使用單位依需求，不定期開單請購。

4. 不需再經過比價、議價程序，採購時可以直接叫貨。

五、葡萄酒採購

葡萄酒是酒類中較為特殊的品項，它涵蓋的層面廣及世界各國，領域層次有舊世界與新世界，葡萄品種繁多，各國酒莊等級複雜，風土條件、年份、知名度、評價、酒款、價位……等，這中間有許多專業的知識，若非專業代理酒商與葡萄酒專家的引導，一般人對於葡萄酒世界總是感到眼花撩亂。一瓶酒的價格可以從數百元到數萬元，這中間竟然有如許之差距？這個差距是由誰決定的呢？

影響葡萄酒的價格因素繁多，通常葡萄酒的價格會受到以下因素所影響：如年份因素（Vintage Factors）、產地因素（Territory Factors）、市場因素（Market Factors）、消費者因素 （Consumer）等。此外市場價格也會受以下幾點影響而變動：

1. 葡萄酒的品質

2. 可取得的數量

3. 酒廠的名聲

4. 專業評鑑結果

5.市場拍賣價格

6.行銷費用

7.市場需求

在許多國際大飯店的餐廳通常會與葡萄酒代理商合作促銷，某些月份或節日，選出一些酒款做為促銷品，提供特價優惠，甚至與美食節結合搭配一起促銷。酒商提供較優惠的價格條件，為了提高銷售業績，有的酒商還提供服務人員銷售獎金。

餐飲部協理與飲務部經理在設計葡萄酒單時，需要徵詢侍酒師與酒商的建議，一則是從消費者的接受角度與潮流做審視，一則是從代理酒商的供應資源與市場商情來規劃。葡萄酒的採購有其不同之處，採購人員對這個領域可能相對陌生，因此，要採購哪些酒，一般都是由餐飲部門選定所有酒款之後，再請酒商直接提供報價，並與之議價與比價。其後之下單訂購、進貨驗收與庫存與領發貨等則照正常程序進行。

六、盲飲測試與指定用酒

國際大飯店有所謂「飯店指定用酒」，它可能是紅酒、白酒、香檳甚至是烈酒，飯店指定葡萄酒稱之為House Wine，香檳稱之為House Champagne、烈酒則稱之為 House Liquor。一般而言，除了飯店指定用酒之外，都稱之為品牌酒（Brand），在價格上，指定用酒是最便宜的入門款，並且可以分杯零售，它的消耗量最高，利潤也最大。

飯店在選用指定用酒時，可以考慮比較多的品牌，並且可採用所謂「盲飲測試」的方式來決定上述的指定用酒。成控室主管可以主導此盲飲測試活動，通常做法是請酒商們提供差不多價位的紅酒或白酒，邀請餐飲部門相關主管人員、採購部等前來試飲，試飲前將所有酒標包覆並編號，試飲者無法知道這是哪一款酒。需事先準備試飲評分表給所有參與試飲的人員，請他們忠實的記錄所有試飲的酒款，並

填入他們給予的分數，最後再總計分數，選出最受好評的指定用酒。

第四節　產出率測試

一、產出率測試

「好的東西必然不便宜」，「便宜無好貨」，這大家耳熟能詳的句子。但是在實務操作中，往往會碰到廠商要賣給你又好又便宜的東西，這時就要特別注意了，除非是市場價格跌價，否則必然有某些不足為外人道也的事情。

但也有些時候，市場的供需有了變化，原先的東西價格已下滑，可是廠商並未做降價的動作，這些情況該如何處理？

成本控制室對採購的貨品，有責任要求買到最佳成本，除了市場調查方法之外，產出率測試就是一個方法，讓你對這些相同規格，但卻又有不同報價的貨品進行測試，以便決定哪一家的貨品才是真正的便宜，尤其海鮮類與肉品類最有需要。例如冷凍草蝦仁這個貨品，ABC三家供應商針對同一規格的冷凍草蝦仁分別報價：200/kg、250/kg、270/kg，看起來A家的價格最便宜，但是這其中有含冰量的問題，若非經過測試，否則無法決定哪一家才是真正的便宜。

採購學有所謂AP與EP價格：

AP= As Purchase Price即是該食材的每單位之採購價格

EP= Edible Portion Cost 即所謂可食用之成本價格，這裡所指EP價格。必須實際做過產出率測試之後，才能得知。下表為產出率測試表3-6。

表3-6　　*jj* 國際大飯店　　　　　　　　　　　　　　　　　　　成-26

產出率測試表
Yeild Test Form

品名：_____　　　　　　規格：_____

日期：_____

供應商	單價／單位	產出率	實際單價	備註

參與測試人員：

採購：

廚房：

驗收：

成控：

二、實際測試範例

　　茲以上述案例，成控室發了一個備忘錄，要求採購向這三家供應商各採購3kg的冷凍草蝦仁，並約定時間，在廚房舉行產出率測試，邀請各相關單位主管人員共同參與，這其中有採購人員、餐飲部協理、中西廚主廚、驗收等。經過一番公平公開的測試後，結果請詳表3-7產出率測試表（成-26），由此範例中可以看出，B供應商的貨品才是最便宜的。

　　其中實際單價就是各家貨品的EP價格。

表3-7　產出率測試表Yeild Test Form

品名：　冷凍草蝦仁　　　　　　　　　　規格：　25-35/kg　含冰10%

日期：　xxx.xx.xx

供應商	單價／單位	產出率	實際單價	備註
A	200/kg	0.7	286	
B	250/kg	0.9	278	
C	270/kg	0.8	338	

參與測試人員：

採購：江一忠

廚房：徐二信

驗收：盧三豐

成控：鄭四義

第五節　供應商管理

　　前面有提過，優良的供應商是飯店最佳的夥伴，因為他們提供了最佳的服務，確實也是如此。但是優良的供應商應該具備哪些條件呢？根據飯店餐飲部門的需求而言，優良的供應商需有以下條件：

　　1.產品的品質合乎採購規格和需求。

　　2.貨源充裕且有良好的售後服務。

　　3.價格合理且供應品質合適的物料。

　　4.準時送貨且考量到貨品衛生安全。

　　5.具有飯店同業間良好的評價與信譽。

　　6.具備有相關的專業知識。

　　7.財務狀況健全。

8.該供應商應為合法經營單位,無不良紀錄且誠實納稅。

供應商的管理有一定的原則與做法,本書重點在成本控制實務,因此,略過不提,有興趣者,請參考採購學方面叢書。

國宴外燴

最近JJ國際大飯店剛好接獲外交部一個國宴外燴,要宴請中南美洲友邦瓜地馬拉總統來訪,地點在新落成啓用的新北市行政大樓。菜單為中菜西吃套餐,食材料理方面要求使用台灣各地方特產。餐飲部協理召集宴會部經理、中西餐主廚討論設計菜單,並將其國宴菜單送給外交部相關單位確認,經過一番修改後,其國宴菜單設計如下:

□ 金山鴨肉佐三芝美人腿

□ 萬巒豬腳搭石門小肉粽

□ 清蒸龍膽石斑與虱目魚雙舞

□ 澎湖活龍蝦海鮮清湯

□ 烏來竹筒飯佐宜蘭糕渣

□ 白河蓮子甜湯

□ 焦糖金山地瓜&大甲芋頭

□ 寶島珍果盤

這是一場非常重要的外燴,雖然JJ國際大飯店經常承辦國慶酒會,動輒三四千人的超級大外燴,這場人數僅二百人的套餐式國宴規模並不大,但是因為要求使用到各地特產,而這些特產分散在台灣各個地方,如何取得這些真正的名產,還要在最正確的時間到

達，呈現出最美好的風味，品質、時間、溫度、數量都須拿捏恰到好處，不失地主國的面子，這是一大挑戰！

於是餐飲部召開國宴會議，宴會部、中西餐主廚、採購部、成控室都應邀與會，會中討論到菜單內容與如何採購及廚房作業等。經過一番討論與激盪，大致分成幾項共識，茲將內容具體整理為會議紀錄備忘錄如表3-8：

表3-8　國宴會議紀錄

菜　　單	自製／外購	中廚／西廚	自製所需材料	外購條件說明
金山鴨肉佐三芝美人腿	外	西		金山鴨肉當天現殺現煮直送。 三芝筊白筍前一天進貨。 鴨肉需於一周前進樣本測試！
萬巒豬腳搭石門小肉粽	外	中		正宗萬巒豬腳前一天進貨（冷藏）。 石門小肉粽當天現做直送。 小肉粽需於一周前進樣本測試！
清蒸龍膽石斑與虱目魚雙舞	自	中	龍膽石斑與虱目魚當天進貨，活體。 需於一周前進樣本，自行試做！	
澎湖活龍蝦海鮮清湯	自	中	真正澎湖活龍蝦當天進貨。 需於一周前進樣本，自行試做！	
烏來竹筒飯佐宜蘭糕渣	外+自	中	宜蘭糕渣前一天進貨，當天烹調	烏來竹筒飯，特別訂製1/3份量，當天現做直送。

菜　　單	自製／外購	中廚／西廚	自製所需材料	外購條件說明
				竹筒飯需於一周前進樣本測試！
蓮花盛開甜湯	自	中	白河蓮子與小朵蓮花前一天進貨。 小朵蓮花需於一周前進樣本測試開花情況。	
焦糖金山地瓜&大甲芋頭	自	西	金山地瓜與大甲芋頭，前一天進貨。	
寶島珍果盤	自	西	選擇水果為三星上將梨、花蓮大西瓜、關廟鳳梨、密世界，前一天進貨。	

*採購部門尋找所需材料，品質優先，服務第二，價格次之。
*廚房需先行試做，舉辦試吃（外交部將參與），再做調整。
*成控部門專案記錄成本，所有進貨單獨開單處理，活動結束再討論營收分配與成本歸屬。

　　採購部門碰到這種特殊規格的需求，自然必須求助於供應商了，海鮮與蔬果類供應商基本上沒甚麼問題，可以很容易取得貨源。但小朵蓮花、竹筒飯、金山鴨肉、萬巒豬腳、石門小肉粽、宜蘭糕渣等之取得，就要傷腦筋了！……經過一番努力，透過供應商與飯店同仁的聯絡安排，終於取得所有材料。試菜的結果令人滿意，充分表現了寶島美食的風味，尤其當小朵蓮花（含苞未放）被服務人員放入甜湯中，緩緩綻放那剎那，為這場晚宴劃下完美的句點。

名詞解釋

1. 市場調查（Market Survey）：這裡所稱之市場調查，單指採購部門對貨品行情所做之價格與貨源上之調查。

2. 資格標：即投標廠商所需具備的資格之審查，其中可能包括該公司之資本額、經歷、領導團隊，專利技術、業界實績…等。

3. 價格標（Tender）：即開標之標的，以投標金額最低者得標。

4. 押標金（Bid Bond）：為保障公開招標之品質，防止劣質廠商競標，設有押標金規定，投標廠商需存入銀行一筆規定之金額，並由銀行開出銀行本票，做為押標金。

5. 履約保證金（Performance Bond）：得標廠商須比照押標金之做法，於簽約時開立銀行本票給甲方，做為履約保證之用，在期間內若廠商無法履行合約內容，該筆保證金將被沒收。

6. Prime、Choice等級：美國農業部對牛肉商品所做的分級規定，主要是由成熟度（maturity）以及肋眼肌的大理石紋脂肪含量（marbling）兩種因素來決定。上述兩種決定因素評鑑所得的等級，共區分成八種，即極佳級（U.S. Prime），特選級（U.S. Choice），可選級（U.S. Select），合格級（U.S. Standard），商用級（U.S. Commercial），可用級（U.S. Utility），切塊級（U.S. Cutter）及製罐級（U.S. Canner）。

7. 採購規格（Product Specifications）：即各單位對所需使用之各種食材與飲料品項之要求，如大小、顏色、重量、數量、包裝、品種、品牌、容量、保存條件……等。

8. 南北雜貨類（Grocery Items）：指各式各樣之米糧、罐頭、乾貨、調味品香料……等雜貨。

9. 薹售物價（Wholesale Price）：或稱批發物價指數，是通貨膨脹測定指標的一種。薹售物價指數是用來反映大宗物資，包括原料、中間產

品及進出口產品的批發價格，和廠商的關係較密切。它是根據大宗物資批發價格的加權平均價格，編製而得的物價指數。

10. 特殊請購單（Special Order）：即臨時有特殊需求，不適合跑正常採購流程而採購時所使用的表格。

11. 開放式採購單（Open P.O.）：即國際大飯店為有專用logo之備品之採購而設置的採購單，因為採購量大，完成一次採購流程，決標後一年內多次分批送貨。

市場調查的故事（Market Survey）

Alex轉調到成控室已經一個多月，這其間他還在熟悉整個業務的運作，感覺慢慢上手了。如此匆促接手，卻又要準時做出每周成本分析，這有賴於成控室二名控制員，負責食品成本的Sunny與負責飲料的Judy。她們二人都是於前一任主任Michael在任時進入，其中Judy是從出納組長轉調進來，二人已經在成控室3年多了，對於日常的成控作業已相當熟悉。之前Alex還在廚房工作時，就認識Judy，時常在餐廳遇見她，有時還會問她今天營業額多少。Sunny就比較不熟，但有時領貨時會在倉庫遇見，她會幫忙倉庫發貨。當Alex第一天履新，財務長帶他出現在成控室時，大家非常訝異，似乎是一個最不可能的人選！

在與Michael的交接期間，他們的出現總是令人感到新奇，而Alex本身卻是最不可思議的，因為職位與身分已不一樣。他努力的調整自己的心態，他已經不是一個廚師，而是成控室主任，他的眼光與思考必須從這個角度出發。

　　慢慢的，他與餐飲部及會計部內各單位的同事越來越熟悉，業務上的往來也更加密切，畢竟這對他來說是一個新的領域。他用心摸索，盡可能向每一個人虛心請教問題，尤其是採購部，貨品的採購成本，是成控室最需要計算與分析的。有一天，採購部副理江'R（負責餐飲食材品採購）向他提起，下星期三早上要不要一起到中央果菜市場去做市場調查？當然好！其實之前Michael就曾經對他說過，每個月要有一天早上和採購部一起去做市場調查，這段期間因為一直忙著熟悉業務，所以採購就沒提出。Michael告訴他，市場調查最好由成控室主導，做完之後還要提出「市調比較報告表」。市調地點有很多，生鮮類食品可以到果菜市場、環南、濱江、三重果菜市場等，南北雜貨類則可選擇迪化街或是大賣場，這些地方有大盤、中盤、零售等，相當適合訪價。

　　當天清晨4點他們約在飯店門口碰面，一起搭計程車到第一果菜市場。首先，江'R帶他到漁貨拍賣中心，他發現許多盤商頭戴一種棒球帽，手拿一個牌子，圍在一個拍賣者前面，他們前面有一籃籃的漁貨。只聽到拍賣者口中飛快的唸著一連串的數字，根本無法辨識拍賣者口中唸的是甚麼，卻看到那些盤商不時的舉手，突然，拍賣者停下來，迅速在手上的小本寫下東西，然後撕下一張紙，遞給某個盤商，江'R說，這個交易完成了。不久，他們又開始進行另一筆拍賣。

　　果菜市場相當龐大，除了不同拍賣區外，水果批發市場與海鮮零售市場也相當大，整個傳統菜市場相當長，幾乎走不完似。他們每一區都進去逛，問問店家各種產品的價格，在問的同時，又必須有技巧的記下價格，不讓店家發現，否則他們知道你只是來問價格而已，就不願意告訴你價格。這時你可以重點買個1～2斤你想了解價格的產品，如此一來，你可以順便詢問其他東西的價格。價格的

記錄必須要快，否則一段時間後，你已經忘記了。江'R是識途老馬，前一天還提醒他要穿著家常服裝，可帶記事本及筆，就當作是要採辦家庭餐會的食材。

就這樣Alex與江'R提著所購買滿滿的食材回到飯店，他們將食材及收據放在驗收區，填寫特殊採購單及零用金申請表。食材可以給廚房使用，不計成本，但會轉成試菜費用，零用金部分則需向總出納申請。處理完這些事情後，江'R請Alex一起到咖啡廳使用早餐，用餐時Alex也順便向江'R請教一些採購方面的事情，並聊起一些飯店早年的往事……。

Alex將所詢問到的食材價格（台斤），換算成公斤價格，然後比對目前相同規格的食材進價（採購價格確認清單），做了一張「市調比較表」。由於傳統市場的販售單位為台斤，飯店進貨重量單位是使用公斤，因此必須做換算，1kg = 0.6斤。從市調比較表看來，他發現價格比較起來有高有低，然進貨價格多數高於市調價格，但不至於太離譜。江'R的看法是供應商必須承擔三個月的貨款資金成本，並且提供完整的售後服務，故而報價不大可能低於市價。

往後無數次的市場調查活動，他們一一走訪了大台北的各大市場，也到一些傳統小市場及雜貨大街。這些實地走訪與小額採買的經驗，能了解目前市場有哪些當令貨品，或是新奇的產品，這些有別於在辦公室做案上調查，讓Alex更能貼近市場的脈動。

學習評量

1.採購的最高的指導為何？
2.試列出各10項蔬菜類與海鮮類之採購規格清單。

3.比價作業流程為何？

4.何謂飯店指定用酒？

5.何謂葡萄酒之盲飲測試？

6.何謂產出率測試？

7.優良供應商應具備哪些條件？

8.請就你的觀點說明市場調查的功能。

第四章

驗收與成本控制

第一節 驗收作業流程

一、食品進貨的相關資料

驗收單位使用到的表單不多，計有驗收單、每日驗收報表、退貨單及折讓單等。驗收單之格式設計每家飯店各自不同，主要功能為驗收的依據。其內容不外乎：貨品編號、供應商、品名、單位、價格、數量、實際收貨數量、總金額⋯⋯等。食品進貨的相關資料來自於發票、無發票貨品的送貨單及付現採購的發票。驗收人員在查驗貨品及相關單據後，將正確資料紀錄於「驗收單」（驗-01）。

所有直接進到廚房的品項，單據文件上須蓋上「直接」（Direct）的章。直接品項一般是每日採購的易腐的生鮮食品，各飯店情況不一，要看實際飯店的設施與供應情形。通常包括新鮮的海鮮類、水果、蔬菜、乳製品、烘焙及點心產品。

有些直接品項可能是半成品，可先暫放在倉庫，再依正常領貨程序處理，但是因為已經入帳，故不做金額處理。然而若是生鮮的品項暫入倉庫，則須做借貸轉帳之帳務處理，當成正式入倉作業，並依正式領發貨流程處理。

「每日驗收報表」-採購明細（驗-02）是一份多功能表單，左邊是驗收報表由驗收人員填入，右邊則為採購明細帳。此單據需每日總結，每日累加，到月底時可直接入總帳。

驗收人員於驗收單上記錄廠商名稱、訂單號碼、單據編號、品項摘要、總額或折扣。成本控制室人員經過查對相關單據，再填入正確總額到適當欄位。

因此，「每日驗收報表」-採購明細每日總額，就可以分別入到食品盤存控制表（成-29）之倉庫採購、直接採購與容器（有押金）等欄位。這有助於成本控制室與會計室迅速處理採購帳務。若是飯店使用

迷你電腦或連線系統，每日和每月合計數，則用於驗證已入到電腦的所有文件的正確數額。

「每日驗收報表-採購明細」為每日驗收貨品後的例行報表，此報表採四聯式，相關單位必須正式的簽收。另外，主廚會收到最新的市場貨品清單（採購價格確認清單）作為叫貨的依據。

驗收人員根據採購規格標準，檢驗貨品及數量正確無誤之後，將貨品及驗收單據送到倉庫及各使用單位。其中倉庫單位於每日下午3點左右，將驗收單據正本、發票及驗收單第一聯送交成本控制室，自已保留第二聯，並據以登錄在庫存帳卡上。

收據及發票之增減異動需由成本控制室確認，且需根據報價單或市場價格清單來核對價格，確認完畢則在單據上簽章。然後，成本控制室人員於入完帳之後，將驗收報告及所有發票及收據一併送交會計室。若是有任何品項不足或缺貨、價格不符，則需將驗收單複本送採購部門作進一步處理。

有些乳品供應商會收取瓶子及箱子等容器的押金，並加總在發票中，等容器使用完畢退還時，再退款給飯店。這部份的押金需分開處理，必須從該品項總額中剔除。

茲以表4-1 JJ國際大飯店紅樓廚房之驗收單及表4-2之驗收日報表等為範例，方便加以檢視討論。

二、貨品未隨貨附發票

當驗收時貨品未隨貨附發票，驗收人員需準備送貨單據（便條），標示價格並註明「貨品未隨貨附發票」，其價格則依據市場價格清單（本期）。之後，將之填入驗收單，並送交成本控制室及會計室。

表4-1　**jj** 國際大飯店

驗　收　單
RECEIVING RECORD

No. xxxxxxx

供應商：No-P01　大有肉舖
訂貨單位：紅樓中廚房　　　　　　　　　　　　　　　日期：xxx xx xx

編號	品名	單位	單價	訂購數量	實際數量	總金額	備註
1040001	Pork Rib 小排	kg	140	20	20		
1040002	Pork Neck 梅頭肉	kg	100	10	10		
1040003	Pork Minced Meat 絞肉	kg	80	10	10		
1040004	Pork Belly w/Skin 帶皮五花肉	kg	120	30	30		
1040005	Pork meat Julienne 肉絲	kg	90	25	25		
1040006	Pork Lion Bone in 大排	kg	115	55	54.5		
	TOTAL						

驗收單位：＿＿＿＿＿＿＿＿＿　　　　　成本控制室：＿＿＿＿＿＿＿＿＿

表4-2　**jj** 國際大飯店　　　　　　　　　　　　　　　　　

每日驗收報表
DAILY RECEIVEING REPORT

月份：＿＿＿＿＿　　日期：＿＿＿＿＿

編號	品 項	數量	單價	供應商	發票號碼	小計	類別						備註轉帳
							食品		飲料				
							直接進貨	入倉庫	烈酒	啤酒	葡萄酒	軟性飲料	
1													
2													
3													
4													
5													
6													
7													
8													
9													
..													
..													
26													
27													
28													
29													
30													
31													
總計													

部門主管：　　　　　　　　　　　　　　　　　驗收員：

當成控人員收到貨物發票之後，先行核對無誤再作帳務處理，借「貨品未隨貨附發票」，貸「應付帳款」。此帳務作業於發票收到當日完成並登錄於驗收單上。

此外，若是送貨單據之價格與發票之價格有差異時，則記帳登錄爲：借或貸採購價格差異，從發票總額中做「貨品未隨貨附發票」與「應付帳款」之調整。

三、進口食品之成本與售價

大多數飯店有許多肉品及某些食品或飲料品項是從國外進口，這些貨品若是由進口商代理，則其採購流程與帳務處理照一般方式進行。但是，如果有任何貨品是自行進口，其廠商所提供之發票並不包括進口關稅、運費、手續費、本地運費……等。成本控制室必須在貨品送達時填寫「發票備忘錄」，並根據過去的經驗將所有增加之費用，詳細表列。

此發票備忘錄記錄於驗收單上，借「盤存」，貸「應付帳款未隨貨附發票」。並且，這時成控必須計算每一自行進口品項加權後之單價，並做爲日後再次進口價格之參考依據。發票備忘錄與單據之正本送給會計室，成控則須保留副本做爲日後之參考。

當收到之發票與實際成本不符時，成控則須依照前述「貨品未隨貨附發票」與「應付帳款」之調整帳務做法處理之。

必須注意的是，每一自行進口之品項，包括進口關稅、運費、手續費、本地運費……等加權後之單價，是做爲日後領貨（發貨）、廚房部門之轉帳、肉品產出率測試、標準食譜配方表、肉品標籤、以及月底之盤點等，成本價格計算之依據。

四、驗收時間

國際大飯店驗收的工作不止餐飲材料而已，包括飯店所有需求之品項，若是不區隔時間一起收貨，則會造成混亂，因此，有必要將驗收時間區分開來。

JJ國際大飯店將驗收時間訂定如下：

1. 上午：08:00～12:00 食物材料、飲料等品項。
2. 下午：13:00～15:30 資產類物品。
3. 下午：13:00～17:00 一般消耗性備品與工程備品。

五、驗收流程

驗收單前一天已送到驗收單位，第二天早上便可開始驗收作業。驗收單上面已經詳列了供應商的編號與名稱，今天所要送的貨品品名與貨品代號（此代號為採購部門依據材料編碼原則所編定，目的為方便電腦化管理）、貨品的數量與單位、日期等資料。當供應商將貨品送來時，驗收人員便依據驗收單來點收貨品。

以上列範例來說，大有肉舖，編號P01，今天送來的貨品有小排、梅頭肉、絞肉、帶皮五花肉、肉絲、大排等，訂貨單位是中廚房，驗收人員逐一將每一品項過磅計算仔細，將正確數量填到「實際數量」欄位，之後便讓驗收助理員將所有貨品，重新裝到驗收專用容器，送到中廚房請他們簽收。驗收單一式四聯，依序為白、紅、黃、綠複本，早年飯店未設驗收助理員（傳送員），貨品都是請供應商直接送到使用單位，使用單位簽收完畢之後，留下一聯複本，再將其他三聯送回驗收單位，驗收單位將第二聯擲給供應商，供應商再行離開。

茲將現行驗收流程以圖4-1表現如下

收貨	1. 根據驗收單點收貨品，填上確實數量。 2. 簽收驗收單，將第二聯掣給供應商。
單位簽收	1. 將點收完畢的貨品，重新裝入乾淨容器。 2. 傳送員將貨品送到使用單位，請其簽收。 3. 將第四聯掣給使用單位。
歸檔	將驗收單第一聯與第三聯分別彙整。
彙總表	根據第一聯驗收單，製作彙總表。
成控室	將今天所有第一聯驗收單正本與驗收彙總表副本，送成控室。

圖4-1　驗收流程圖

　　然而直接由供應商送貨到使用單位，這中間有許多問題，衛生安全的問題與人為問題，衛生安全方面，供應商送貨員良莠不齊，到處亂闖有安全上的顧慮，食材容器會夾帶病媒蟲害等衛生上的疑慮。而且，多了使用單位的簽收欄，就多了一道關卡，廚師如果對貨品有意見，則會造成另外的麻煩，有可能拒絕簽收，有可能要求給予好處，尤有甚者會與供應商勾結，在品質與數量上放水。因此，飯店管理階層認為有改變之需要，遂將之前做法改成現在的做法。

　　相對於食品材料的做法，飲料品項就比較簡單，因為飲料類品項都是包裝完整的成品，且全部需要進入倉庫，不直接進入使用單位。所以當供應商送貨來時，驗收單位驗收之後，可以請廠商送貨員直接將貨品送到倉庫簽收即可。

六、退貨與折讓

供應商所送來的貨品，必須依照採購部門所訂購的數量、規格和品質，若有不符則需要做適當的處理。生鮮類貨品比較容易出現這些問題，因為大自然所生養的動植物，其規格不像工廠所生產的產品能夠完全一模一樣，只能盡量選擇一致。此外生鮮貨品有新鮮度、保存條件、包裝、重量、進口貨品與本地貨品、冷藏與冷凍、含冰量、貨品等級……等問題，相對的飲料類貨品就比較沒有這些問題。

驗收人員在驗收時若是遇到上述的問題，必須依照不同情況做適當的處理。數量上的差異如果不大，可以照實際數量收貨即可，若是差異太大時，可能要問使用單位的意見，數量太少時，是要求補足數量，還是不必，反之數量太多時，是要求退回多的數量，還是全收？若是規格不符時又該如何處理呢？這時可以請使用單位主管決定，收下還是退回，然而也有可能供應商已經找不到貨源，而重新送貨時間上又來不及，使用單位或許會選擇接受這批貨品，這時驗收單位就可以要求供應商在價格上作出折讓，填寫折讓單，請詳表4-3折讓單（驗-04）。

另一種情況是貨品已經收下，但是因為其他無法在驗收時就能辨識的因素，導致要使用時才發現品質有問題，這時就需要做退貨處理。使用單位將要退回之貨品送到驗收單位，確認數量，填寫退貨單並連絡採購請供應商前來回收處理。請詳表4-4退貨單（驗-03），裡面需記載退回之品名數量及退回之詳細原因。

表4-3　**jj** 國際大飯店　　　　　　　　　　　　　　　　　　　　　　　　　　驗-04

折　讓　單

ALLOWANCE FORM

No. xxxxxxx

供應商：

訂購單編號：　　　　　　　　　　　　　　　　　　日期：

編號	品名	單位	原單價	折讓單價	數量	折讓金額	備註
折讓原因：							

使用單位：　　　　　　　　驗收單位：　　　　　　　　供應商：

表4-4　**jj** 國際大飯店　　　　　　　　　　　　　　　　　　　　　　　　　　驗-03

退　貨　單

RETURN FORM

No. xxxxxxx

供應商：

訂購單編號：　　　　　　　　　　　　　　　　　　日期：

編號	品名	單位	單價	數量	總金額	備註
退貨原因說明：						

使用單位：　　　　　　　　驗收單位：　　　　　　　　成本控制室：

第二節　驗收的角色

一、組織成員

　　大部分飯店的驗收部門編制不大，一般約在2位。一名主任，一名組員，如此而已。但JJ國際大飯店現行組織多了2名傳送員，他們是PT性質，每天只工作半天，主要目的如前所述，專為傳遞供應商所送來的貨品到各指定單位。

　　驗收員的工作職掌就是執行飯店驗收政策，嚴格針對品質與數量進行驗收，絕不妥協，不收供應商好處。遇有品質上的問題，需馬上回報，請採購與使用單位前來確認，該退貨時辦理退貨，填寫退貨單，遇有折讓時，填報折讓單，送會計部處理。定期調較磅秤，維持度量工具最佳狀況，保持環境整潔衛生，每日定時清洗所有容器與環境。

二、守門員的工作

　　驗收是飯店品質的守門員，因為材料的好壞會直接影響餐飲產品的品質。所以在進貨這一關，如果沒有做好，不良品就會趁隙進入飯店，直接降低飯店餐飲的品質，也嚴重影響到商譽。因此，嚴格把關是驗收工作的不二法門。

　　驗收由於關係到供應商送貨的順暢度，廠商為了使貨品能順利交貨，有時貨品品質有瑕疵，廠商會給予驗收人員某些好處。這時道德與操守就需要站出來，畢竟天下沒有完美的制度設計，可以規範到完全沒有弊端。而成本控制室的角色，或許就是站在監督者的位置，揮灑出防弊的內控光芒，照亮每一個陰暗的角落！

第三節　驗收與採購、倉庫的關係

　　驗收的工作相對單純，但是若能具備相關知識，則更能得心應手。以飯店而論，需要經過驗收的貨品，以餐飲部門的食品材料佔最大宗，而且所花的時間最多，其中有一半以上的貨品，都需經過倉庫的管理流程。

　　有些飯店，驗收會與倉庫合成一個部門（或者單位），主要目的是就近與方便，工作人員可以相互支援，節省人力。就功能性質而言，並不會有所衝突，各有不同表格帳務處理，合成一個單位，較無問題。若是採購部門與驗收則不可以合成一處，因為採購兼驗收，就像是會計兼出納一樣，管帳人員與管錢人員必須分開，互相監督，以避免人為的弊端產生。採購若是兼驗收，就容易產生所謂的人為的問題與弊端，因為進貨的兩大關卡，都操在同一人手。

　　原則上驗收單位是採購單位的監督者，對所有買進的貨品，負有把關的重任，驗收人員也要扮演好自身的角色，才能對公司做出應有的貢獻！

名詞解釋

1. 退貨單（Return Form）：已經收下之貨品因為使用時才發現品質有問題，而將貨品退回給供應商所使用之單據，裡面記載退回之品名數量及退回之原因。

2. 折讓單（Allowances Form）：因為貨品之規格與品質與採購規格不符，但又在可以接受範圍或是時限上不得不收，要求供應商作價格上的折扣優惠所使用之單據。

3. 關稅（Customs）：這是指自進口貨品時，該項貨品需依照本國之進口貨品關稅額支付，關稅額每種品項不一。

4. 運費（Freight Fee）：這是指自進口貨品時，運送過程中所需支付的運費。

5. 手續費（Commission）：這是指自進口貨品時，在報關處理時所發生的手續費用。

6. 肉品產出率測試（Butcher Test）：這個測試最主要是想得到一塊肉品，分割後的真正份量及成本，例如肋排里肌、牛菲力或羊背排……等。飯店的肉房將生牛排、羊排等，處理成可用的份量。它可以建立起每磅最後可使用的肉品份量的比率，它可稱之為「成本因素」，方便去套用目前市場價格，以決定最新的份量成本，當然，必須維持一致的採購標準，就如同所提供的每塊肉品的份量是一樣的。

7. 肉品標籤（Meat Tag）：肉品標籤大部分是針對進口類的肉品而設，每一塊肉品在進食品倉庫時，需綁上肉品標籤，並在標籤上註品名稱、重量、等級日期、價格……等資料，並另做清單控管。當發貨時便將肉品標籤拿下，據以入帳並填入控管清單，但是現在多已不再使用了。

A-story

傳說中的故事（A legendary Story）

　　JJ國際大飯店是國際知名的連鎖大飯店，總部設在美國，全球有五百多家飯店。台灣JJ是屬於「委託經營管理」的連鎖飯店，業主將飯店委託給JJ國際集團，總部派員來經營管理，建立JJ國際大飯店的管理制度，將服務水準提升。目前台北JJ國際大飯店內，總經理、餐飲部協理、餐廳長、業務部經理都是外國人，國籍也不同，部門主管會議時，就像一個小型聯合國，相當有趣。

JJ國際大飯店集團全球分為幾個區塊，其中台灣是屬於亞太區，亞太區目前的區域總監約翰，他曾經是台灣JJ的第一任總經理，並且是台灣女婿，與台灣的淵源頗深。現在他負責日本東京JJ國際大飯店兼亞太區總監，一年之間會輪流到麾下的飯店進行訪視，而這個例行的訪視總會讓飯店特別緊張。有一天，財務長碰到Alex時，對他說約翰將於這個月的24日到飯店來訪視，停留二天，叫他要特別注意，倉庫要整理得乾乾淨淨，廚房也要特別注意，因為有時他會夜巡！

　　這時就喚醒了他的回憶，之前在廚房工作的時候就曾聽前輩說過，這位約翰先生原本是餐務部門出身，之後也做過成本控制，後來一路升到總經理。傳說中他有一個習慣，他會在深夜到廚房去，做甚麼呢？他會捲起袖子，用手去翻垃圾桶，甚至餿水桶，他會找出不該丟棄的食材。有一次他在垃圾桶中竟然翻出了半條火腿、只用一半的紅蘿蔔及一些還可利用的材料，還在餿水桶中拿出一條切了一半的菲力牛排……。聽說不久之後主廚就被換掉了！這樣一位魄力人物他以前有見過，但並沒有接觸過，只知道他是法國籍，御下極嚴。

　　約翰終於來了，總經理與財務長陪同他到處巡視，尤其這次咖啡廳正在重新裝修，改成開放式廚房，已到了收尾階段。只見他仔仔細細的看了一回，又叫工程部總工程師來問了許多問題，交代幾個牆面的掛畫，應該用較後現代的作品，風格比較符合現在咖啡廳的調性。其後他也到客房部門去看已經完工的兩間樣品房，因為台北JJ大國際飯店也已經20多年了，有需要重新設計改裝房間，以維持五星級飯店的形象。第二天一早，當Alex在驗收查東西的時候，約翰突然出現，身邊並沒有總經理和財務長，他向Alex及驗收單位的同事一一打招呼，並詢問誰是驗收主管？他向小林（驗收組長）

詢問了一些問題，由於小林英文不好，Alex剛好現場當起了翻譯，他請小林說一說驗收單位應該扮演的角色，小林回答得很得體，他也檢視了磅秤，自己還站上大秤去秤了秤，結果還真準，因為他昨天剛量過。

他問Alex是誰？Alex於是向他自我介紹，他剛接手成控室半年多，之前都在廚房工作。這下引起他的興趣，向Alex問了一些廚房的現況，以及擔任成控室主管有什麼心得。Alex帶他到倉庫與酒庫巡視，順便向他介紹目前直接進貨與倉庫進貨的比重，倉庫的作業流程等等。約翰又問有沒有需要修改的做法，因為你是剛從不同部門進來的人，可以有不同的觀點去看到一些問題。於是，Alex就對約翰提出了廠商送貨的流程需要調整的建議，他的說法如下：「目前的貨品都是請供應商直接送到使用單位及倉庫，使用單位簽收完畢之後，留下一聯複本，再將其他三聯送回驗收單位，驗收單位將第二聯撐給供應商，供應商再行離開。然而，這中間有許多問題，衛生安全的問題與人為問題，衛生安全方面，供應商送貨員良莠不齊，到處亂闖有安全上的顧慮，食材容器會夾帶病媒蟲害等衛生上的疑慮。而且，多了使用單位的簽收欄，就多了一道關卡，廚師如果對貨品有意見，則會造成另外的麻煩，有可能拒絕簽收，有可能要求索賄，甚至會與供應商勾結，在品質與數量上放水。因此，建議增設驗收部門的傳送員，針對食品類貨品，在驗收後重新整理放入乾淨的容器，由傳送員送到各使用單位」。

約翰聽完Alex的建議後，表示這是一個非常棒的建議，應該馬上去做，他拍拍Alex的肩膀，說：「好極了，一個很有想法的傢伙！」。不久後，Alex提出建議報告，財務長會同餐飲部協理於部門主管會議中提出，總經理馬上同意，並於一周後實施。

學習評量

1.驗收單位使用到的表單有哪些？

2.何謂直接進貨？做法為何？

3.請說明一份正式的驗收單應記載那些資料？

4.請問進口食品之成本包括哪些項目？

5.請說明驗收流程及作法？

6.為何驗收扮演著守門員的角色？

第五章

倉庫管理與成本控制

第一節　倉庫管理

一、倉庫管理的演進

　　國際大飯店的倉庫一般可以區分為食品倉庫、飲料倉庫、一般倉庫及工程類備品倉庫（此倉庫為工程部門自行管理）。本書中與成本控制有關的倉庫專指「食品倉庫」與「飲料倉庫」，這兩個倉庫專為飯店餐飲需求而設。JJ國際大飯店最早年的倉庫人員編制頗大，1名主任，2名食品倉庫管理員，1名飲料倉庫管理員，共有4人。食品倉庫與飲料倉庫都很大間，尤其是飲料倉庫，設有專門葡萄酒庫，進口烈酒與其他酒類倉庫，本地酒類倉庫及一般無酒精性飲料等分區酒庫的設置。食品倉庫也區分進口食品與本地食品，因為早年進口餐飲材料不普遍，所以飯店倉庫需要儲備較多的品項與安全庫存量。除此之外，電腦系統才剛起步，20年後才普遍運用在財務會計進銷存等作業上，那時所有帳務處理都還使用人工作業，自然需要較多的人力。

　　然而隨著時代的演進，旅客的數量日增，國際級大飯店遍地開花，國際貿易繁榮了整個市場經濟，進口物資已經與本地產品一樣，唾手可得。早年只有在飯店才享用得到的荼餚美食，現在一般的餐廳已能供應，甚至還超越飯店的水準了。JJ國際大飯店經過這麼多年來的演進與組織變革，現在的倉庫已與成本控制室合併成一個單位，由成控室主任兼倉庫主任，人員編制也精簡許多，設有食品與飲料成本會計員、食品與飲料倉庫管理員及助理。整個組織編制如圖5-1所示。

　　將倉庫與成控室合併，是考量到業務上並無衝突，且有互補之處，再加上人力更為精簡，於是促成這個新的編制。多年運作下來，相當順暢，而且效能倍增，不過因應這個組織變革，食品倉庫與飲料倉庫的開放時間，也做了適度調整。

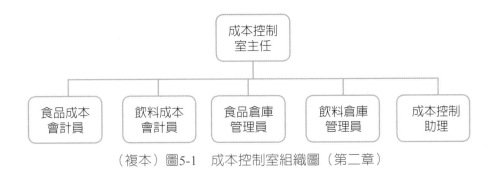

（複本）圖5-1　成本控制室組織圖（第二章）

　　目前國內也有某些新設飯店不設倉庫，任何貨品一律進入使用單位，直接省略倉庫這一環節，因此，其餐飲成本控制循環則必須重新調整。

二、倉庫管理的功能

　　倉庫在餐飲管理中扮演著重要的角色，它提供數量充足的食品材料與飲料材料，讓生產單位能不虞匱乏的供應餐飲現場的需求。倉庫的設施必須依照管理原則分別設置食品倉庫與飲料倉庫，食品倉庫需要再細分為冷凍庫、冷藏庫、生鮮區與乾貨區，飲料倉庫再區分為烈酒區、葡萄酒區、本國酒類區、果汁碳酸飲料區（軟性飲料）以及迷你吧專區。倉庫溫度的管理亦必須根據不同區域，而有不同設置。

　　原則上須要入倉庫儲存的貨品材料，都是以適合較長時間存放的貨品為主，食品倉庫以乾糧乾貨罐頭及冷凍類為主，但也會保存一部分生鮮類食材，以備不時之需。而飲料倉庫的貨品幾乎都是全部進倉管理，因為飲料類貨品全部單獨包裝，大都適合長時間保存。

　　管理人員的職責是負責倉庫資產的最佳化，所有材料在最適當的溫度與空間中保存，先進先出，以最低的安全庫存量提供廚房請領，讓倉庫的存貨周轉率最大化。一個管理良善的倉庫，整潔明亮，所有物品井然有序，所有食材都在有效期限內，材料的損耗降到最低。倉庫的目標除了要能提供安全庫存外，也必須能降低庫存，當然，倉庫的庫存要能有效降低，除了倉管人員的努力外，也要採購部門的幫忙與主廚們的配合。

第二節　倉庫管理作業流程

一、作業流程

　　倉庫管理作業是從叫貨管理開始，倉庫管理員必須清楚貨品的庫存量，再依據每項貨品的使用量來叫貨。當然較為科學的作法是設定安全庫存量、平均消耗量、備貨時間與再訂購量，制定一個訂貨的標準作業流程。然而日常生鮮貨品進出頻繁，一般只要用經驗值叫貨即可。接著所進貨品經過驗收之後，就進入進貨管理與倉庫儲存，然後等候各個使用單位的領貨，發貨之後便又回到叫貨管理的循環。每個月底必須作倉庫盤點，如此即可計算出整個月的倉庫方面之餐飲成本。

　　其流程如下圖5-2所示：

圖5-2　倉庫管理作業流程圖

二、開放時間

如上一節所說的，因應組織調整，倉庫的開放時間也需要重做規範，將以往較長的開放時間，做了一些縮減。因此，JJ國際大飯店將倉庫的開放時間安排如表5-1：

表5-1　倉庫的開放時間

1. 食品倉庫	收貨&領貨時間	08:30 - 12:00
	領貨時間	13:00 - 14:30
2. 飲料倉庫	收貨&領貨時間	13:00 - 16:00
	Mini Bar領貨時間	13:00 - 14:30

倉庫的開放時間需要考慮各使用單位的需求，廚房與外場吧台都有其營業時間。大部分餐廳都是至少提供二個餐期，故上午與下午兩個時段的開放時間，可以符合需求，但是因為採購部門有其叫貨的時間，下午2:30以前結束領貨時間，倉庫人員可以順利進行叫貨作業。另外，酒吧的營業時間可能下午才開始，早班的工作人員可能下午2:00以後才上班，所以飲料倉庫的開放時間直到下午4:00，以方便酒吧早班人領貨。除此之外，Mini Bar迷你酒吧的領貨時間定在下午13:00～14:30之間，各樓層負責的房務員可以在此時間內前往領貨或退貨。

三、進貨管理

倉庫人員在收貨之後，必須分門別類予以存放，冷凍食品進入冷凍庫內依序排放，冷藏食品進入冷藏冰箱內依序排放，乾貨類項則需要上架排放陳列，依類別貨號排放整齊，並以先進先出的原則將舊貨放在外面，新貨排在裡面。倉庫管理的理論與方法已有專門書籍介紹，這裡就不再贅述。

以往採取人工作業時，倉庫貨架都使用永續盤存帳卡，每進出一次貨品都需要在帳卡上做記錄，目前仍然有部分沿用。現在採用電腦作業入帳，每進出一次貨品，便在電腦上做入出帳之記錄，如此很容易就能叫出某項貨品，查看目前的庫存，不需每次都要到貨架前去檢視。有需要時可以列印目前的庫存表，相當方便！但是此種方便不代表倉庫人員就不需做實際檢視，因為還是可能出現錯誤，另外，也會有斤兩上的誤差，所以倉庫人員仍然要時時檢視。

倉庫之進貨有一定的原則，譬如安全庫存量、備貨時間等，但是也要考量到市場公休日與連續假期的情況，尤其中國人的三節，甚至特殊的大型宴會或外燴。倉庫是做為營業點廚房的預備胎，所以倉管人員也要時常與使用單位主管溝通，才能做出最佳的進貨管理。

四、發貨作業

餐飲部各使用單位，根據需求每天約有1至2次的貨品請領，有些廚房單位分早晚班，有些則是「兩頭班」。因此，兩班制的單位，大都是早班的領班負責叫貨及開1次領貨單，交由晚班的人員領貨，晚班的領班則開隔天的領貨單，給隔天的早班人員去領貨。而兩頭班的單位，則叫貨1次，請領1至2次的貨。叫貨與領貨不同，叫貨是直接進貨，貨品不進倉庫直接送到使用單位，領貨則是從倉庫領取所需要的貨品材料。此部分將在生產與成本控制章節中詳述。

早期領貨作業都是使用紙本作業，開立所謂「領貨單」（Requisition Form），將所需貨品寫在領貨單上，一張不夠，可開立多張，並不強制分別類項，但是食品倉庫與飲料倉庫一定要分開來開單。單位別也必須分開，如義式餐廳與牛排館不能共用一張領貨單，這牽扯到成本的歸屬問題。

五、領貨單

倉管人員將前一天彙整好的領貨單（包括品項價格及相關延伸資訊），於第二天上午9:30左右送到成控室。領貨單除了各使用單位正常領貨之外，廚房做菜需求的飲料（料理用）、廚師飲用的啤酒、礦泉水、贈送給客人的飲料、經理人員的宿舍使用、員工購買..等都需要使用。此外，領貨單也可用來紀錄倉庫的損耗，遺失，偷竊等，但必須有完整的解釋，並在單上標示「倉庫損耗」。

員工購買須先經高層主管核准，並且在結帳後送給會計室。這部份將作為雜項放入「食品成本調節表」（成-47）的貸方。

飲料品項若需從酒吧退回給倉庫，酒吧主任須填具領貨單，並在單上註明「退回倉庫」，並與瓶子一起送回，只有未開瓶的酒才能退回。

廚房做菜的需求飲料，給廚師飲用的啤酒、礦泉水，或是贈送給客人的飲料，同樣是根據領貨單發貨，但是單子上不需有金額，因為它們不算各酒吧或餐廳的成本，而是計入個別費用。這需在飲料庫存控制表上點出並說明。

使用電腦作業的飯店（註：現在已經全部電腦化了！）領貨單、部門轉帳單由電腦操作員（現在已經由成控員處理）鍵入電腦之後，跑出之報表送給成控室。這份報表標示出酒吧與餐廳的費用，例如：廚房做菜的需求飲料，給廚師飲用的啤酒、礦泉水，或是贈送給客人的飲料等，分別進入「飲料盤存控制表」（成-36）表單中之「廚房用酒」。

領貨單格式每家飯店都不一樣，茲以JJ國際大飯店做範例說明如下，請詳表5-2，倉庫領貨單（成-24）：

表5-2　**jj** 國際大飯店　　　　　　　　　　　　　　　成-24

倉 庫 領 貨 單

No.xxxxxxx

☐ 食品倉庫
☐ 飲料倉庫

部門單位：＿＿＿＿＿＿＿＿＿　　　　　　　日期：＿＿＿＿＿＿＿＿＿

編號	品　名	需求數量	發出數量	單位成本	小計
					總 計

單位主管：　　　部門主管：　　　　倉庫出貨人：　　　　領貨人：

第一聯—白色—成控室
第二聯—藍色—使用單位
第三聯—黃色—倉庫

如圖示說明，當倉庫人員將領貨單上所需貨品準備好，塡上正確發出數量及簽名後，等候廚房人員來領貨。廚房人員前來領貨時，須先點收並在領貨人欄位上簽名，這時倉庫人員會將第二張藍色複本給領貨人與貨品一同帶回，便完成發貨程序。之後，分別將第一、三聯分開彙總，第一聯正本在倉庫開放時間結束後，送回成控室做成本計算與分析，第三聯則保留在倉庫備查。

如今若是導入電腦作業系統，則相對簡單許多，使用單位權限者直接在電腦上key單，倉庫人員則依據各使用單位的電腦領貨單備貨，使用單位確認好貨品後，可以列印出來簽收。此外，以往成控室會計員人工計算成本的部分已可省略，現在已可以馬上看出確實成本是多少，這也是現今與未來成本控制作業的主流。

六、倉庫盤存控制紀錄表

倉庫盤點控制表是在倉庫管理流程中，每日記載的進出數字，並且分別出不同廚房與酒吧，以及容器押金的流水帳，方便檢核。此外，吧台贈品、損耗報廢、公關、員工關係、水果籃、GM公寓使用...等欄位，已經爲月底結帳之雜項費用預做準備。這個表格可以要求倉庫管理員做記錄或是食品成本會計員來做都適合，相對的飲料倉庫亦有同樣的表格使用。

請詳表5-3食品盤存控制紀錄表（成-29）。茲以表列方式將盤存表內容來源說明如表5-4：

另表5-5飲料盤存控制紀錄表（成-34）。其作法與食品盤存控制表說明一樣。

成-29

表5-3　jj 國際大飯店

食品盤存控制紀錄表　FOOD INVENTORY CONTROL RECORD　月份：＿＿＿

期初盤存	直接進貨	倉庫進貨	容器押金	淨採購	總存貨	日期	主廚房	廚一	廚二	廚三	廚四	廚伍	廚六	廚七	廚八	小計	主吧	吧一	吧二	小計	吧贈品水果藍	公關	員工關係 GM公寓	破損耗	雜項小計	總發貨	期末盤存
①	②	③	④	⑤	⑥	1										⑦				⑧					⑨	⑩	⑪
						2																					
						3																					
						4																					
						5																					
						6																					
						7																					
						→																					
						28																					
						29																					
						30																					
						31																					
						總計																					

（發貨：廚房、吧檯、雜項）

表5-4 盤存控制紀錄表內容來源說明

	盤存資訊	資料來源
◇1	期初存貨	上月底實際盤點期末存貨
◇2	直接採購進貨	驗收單 各使用單位直接進貨
◇3	倉庫本期進貨	驗收單 倉庫進貨
◇4	容器保證金	驗收單 發票每日總計
◇5	淨採購	第2 +3 - 第4 欄
◇6	總進貨品	加總1與5欄
◇7	廚房總發貨	廚房領貨單金額總計
◇8	酒吧總發貨	酒吧領貨單金額總計
◇9	雜項總發貨	雜項領貨單金額總計
◇10	倉庫總發貨	加總7、8、9即為倉庫總發貨。
◇11	期末存貨	第6減第10欄之淨額，下一期之期初存貨。

表5-5 jj 國際大飯店

成-34

飲料盤存控制紀錄表

年度： _____ 月份： _____

期初盤存	倉庫進貨	直接進貨	容器壓金	淨採購	總存貨	日期	發貨											總發貨	期末盤存
							吧　檯				雜　項								
							主吧	吧一	吧二	小計	廚房用酒	免費贈送	公關招待	員工關係	報廢品	雜項	小計		
						1													
						2													
						3													
						4													
						5													
						6													
						7													

期初盤存	倉庫進貨	直接進貨	容器壓金	淨採購	總存貨	日期	發貨											總發貨	期末盤存
							吧檯				雜項								
							主吧	吧一	吧二	小計	廚房用酒	免費贈送	公關招待	員工關係	報廢品	雜項	小計		
						28													
						29													
						30													
						31													
						總計													

成本控制會計員：　　　　　　　　　　　　　　成本控制室主任：

第三節　倉庫的夥伴關係

　　某位老師在上課時問學生一個問題：請問後勤工作人員有沒有所謂的「顧客」？

　　學生們一時想不到適當的意見，後來有一名學生舉手說到，應該是他們所支援的前場服務人員。

　　老師很高興的說，非常對！而且不只是前場的同仁，凡是你的工作所需要接觸到的同事，以及因為你才能完成事情的單位同仁都是。

舉例來說，「倉庫是廚房與餐廳的後勤支援單位，沒有廚房與餐廳等生產單位，也就沒有倉庫的存在，所以倉庫工作人員的顧客就是廚房與餐廳的同仁，應該以對待顧客的方式，來對待他們」。

倉庫因為支援生產單位而存在，所以他們是餐廳內外場的後勤支援單位，也是重要的工作夥伴，後勤支援沒作好，前線必然缺東缺西，導致無法提供良好的服務。尤其國際大飯店設有許多餐廳及宴會廳，每日供應的餐飲菜餚數量龐大，萬一倉庫庫存出問題，則將產生極大困擾！再者，食品衛生安全的環節不單在廚房，倉庫的儲存若是不良，可能導致食品過期或是不新鮮，當貨品進到廚房後，若未馬上使用或者儲存不當，將引發食品安全的問題，不可不慎。

第四節　倉庫管理的重要性

一、安全庫存量

安全庫存量（Safety Stock）是廚房的戰備存糧，在下一次補給到達之前，能夠充分的提供營業單位的需求。庫存量的訂定需要知道該貨品的每日需求量，備貨時間，叫貨後多少天可以送到，以及多久進貨一次，根據這些數據，便可以算出合理的安全庫存量與再訂購量。不同貨品之間的備貨時間有極大差異，如生鮮類幾乎可以每天送達，但是進口貨品與特殊乾貨可能需要較長的時間。此外，進貨數量也是一個考量重點，因為如果叫貨數量太少時，有可能沒有供應商願意送貨，所以叫貨數量有時也是考量因素之一。

安全庫存量又稱之為「再訂購點」，亦即當庫存數量降到安全庫存量時，即需要再次訂貨了；其計算公式如下：

安全庫存量 = 每日消耗量 × 備貨時間（天數）＋最低庫存量

茲舉JJ國際大飯店所使用之鮮奶及進口品——法國鵝肝爲例說明如下：

每日消耗量：新鮮牛奶×100 qt

法國鵝肝×0.6 kg

備貨時間：新鮮牛奶×1天

法國鵝肝×10天

最低庫存量：新鮮牛奶×100 qt

法國鵝肝×1.2 kg

安全庫存量：新鮮牛奶 = 200 qt（100qt×1 + 100qt）

法國鵝肝 = 7.2 kg（0.6kg×10 + 1.2kg）

二、再訂購量

確定備貨時間（天數，Lead Time）是飯店倉庫，能提高週轉效率的方法，也是合理倉儲的重要方法。如果備貨時間長，倉庫儲備就會較多，反之則少，但最重要是不能影響餐飲活動正常進行。備貨時間確定後，再訂購量可按下列公式計算：

再訂購量 = 備貨時間×日平均消耗量＋安全庫存量

R——再訂購量（Reorder Quantity）

T——備貨時間（Lead Time）

S——日平均消耗量（Daily Consumption）

M——安全庫存量（Safety Stock）

茲舉新鮮牛奶與法國鵝肝，用上述公式說明：

再訂購量（Reorder Quantity）：

新鮮牛奶 = 300 qt （100qt×1 + 200qt）

法國鵝肝 = 13.2 kg （0.6kg×10 + 7.2kg）

三、滯留貨品Slow moving Item

一個飯店經營時間久了，自然會累積許多物品，而當每次更換菜單之後，有些材料便沒有繼續使用，這些材料有時會存放相當長的時間，甚至過期。倉管人員這時可以將這些所謂的「滯留貨品」列出一張清單「滯留存貨清單」（Slow Moving Items），註明數量與有效期限，送給餐飲部及相關使用單位，請他們想辦法使用掉。否則超過有效期限，便只能做報廢處理了。

滯留貨品是飯店的資產，若能適當利用則仍能維持原有價值，一旦報廢，就變成資產的浪費了。

四、安全衛生過期食品

如何保持倉庫裡面物品的衛生與安全，新鮮不過期，是倉庫管理人員責無旁貸的天職。依照倉庫管理原則，先進先出，每次進出貨品，都需檢查使用期限，遵守貨品存放不可靠牆、接觸地面、保持良好通風等原則，凡有進出務必入帳，無領貨單則不能出貨品等等規定，定期整理，保持清潔，要求每一位倉庫管理員，必須做到！

五、存貨周轉率

檢視一個倉庫的績效，可以從存貨週轉率來看出，週轉率的計算公式為：「本月倉庫總發貨額÷（（期初存貨+期末存貨）÷2）」。存貨是一種資產，代表資金的運用，購進的存貨如果不動，或是動的速度較慢，表示資產轉變成銷貨營收的效率不好。週轉率越高代表倉庫的效率越高，這也代表資金的運用有較高的運轉效益，反之則低。

舉例說明：

JJ國際大飯店的倉庫某年三月份資料如下：

食品倉庫期初存貨：$3,120,520

期末存貨：$3,400,500

總發貨額：$9,230,340

存貨週轉率=2.83(9,230,340÷(3,220,520+3,400,500)÷2)

飲料倉庫期初存貨：$3,320,350

期末存貨：$3,100,480

總發貨額：$2,030,340

存貨週轉率=0.63(2,200,340÷((3,320,350+3,100,480)÷2))

第五節　倉庫的盤點

一、期末盤點

倉庫的作業到月底是一個循環的結束，盤點（或說是盤存）是關帳的第一個步驟。每到期末倉庫需先列印出倉庫之「庫存報表」做為盤點表，成控室與倉庫人員一起實際會點，將每一品項確實計算，並將實際數量先填入「實盤數量」欄位。盤點結束後，再一一將實際數量輸入電腦，並列印出盤存差異表，之後才能進入結帳程序與製作分析報告書。除了食品與飲料倉庫的盤點之外，還需要對每個餐廳廚房與吧台酒庫做實際盤點。

盤點的時間，就倉庫而言都是在月底當天開放時間結束之後，餐廳廚房與吧台，一般都是在月底當天營業結束之後，或者月初第一天尚未開始營業之前。目前多數的飯店，廚房的存貨已不做盤點，第一因為麻煩，第二因為意義不大，長期而言，每月的庫存金額不會差

異太大，只要其中一個月不盤，庫存歸零之後，以後每個月的存貨就已經是食物成本了。也有少數飯店，每月廚房的存貨是由廚房自行填寫，再送給成控室入帳，在這種情況下，存貨已經成爲一種調節了！

倉庫盤點是成本控制的一個固定的流程，也是一個儀式，更是做出正確的成本分析報表，不可或缺的步驟。盤點表之格式是指「庫存表」中再加入一欄「實際數量」欄位即可。如表5-6所示：

表5-6 **jj** 國際大飯店　　　　　　　　　　　　　　　　　　　　　　　成-30

倉庫盤點表

倉庫 / 單位：＿＿＿＿＿＿＿＿　　　　　　　　期間：＿＿＿＿＿＿＿＿

編號	品　項	帳目數額				實際盤點數量	備註
		單位	數量	單價	金額		

編號	品　項	帳目數額				實際盤點數量	備註
		單位	數量	單價	金額		
合　計							

倉庫／單位管理人：＿＿＿＿＿＿＿　　　　成本控制主管：＿＿＿＿＿＿＿

範例　　　　　　　　　　　　　　　　　　　　　　成-30

表5-6　**jj** 國際大飯店　倉庫盤點表

日期：xxx xx xx

編碼	品　項	帳目數量				實際數量	備註
		單位	數量	單價	金額		
	進口威士忌烈酒類						
5040001	J.W. Black Lable-Mini	btl					
5040002	Glanfidich	btl					
5040003	J.W. Black Lable	btl					
5040004	Chivas Regal, 21 Years	btl					
5040005	Clenmorgine, 18 Years	btl					
5040006	Chivas Regal	btl					
	乾貨類						
1070001	Shark's Fin 魚翅	kg					
1070002	Abalone, 400g/tin 鮑魚	tin					
1070003	Flower Mushroom 花菇	kg					
1070004	Green Bamboo Shoot 綠竹筍	tin					
1070005	Dry Scallop 甘貝	kg					

編碼	品　項	帳目數量				實際數量	備註
		單位	數量	單價	金額		
	巧克力						
3010001	Chocolate Couverture 巧克力-黑	kg					
3010002	Chocolate Couverture 巧克力-牛奶	kg					
3010003	Chocolate Couverture 巧克力-白	kg					
3010004	Chocolate Couverture 巧克力-苦甜	kg					
3010005	Chocolate Shell 巧克力球-黑	pcs					
3010006	Chocolate Shell 巧克力球-牛奶	pcs					
3010007	Chocolate Shell 巧克力球-白	pcs					
	蔬菜類						
1020001	Heart of Mustard Peeled 芥菜頭	kg					
1020002	Golden Mushroom 金菇	kg					
1020003	Cabbage Chinese 山東白菜	kg					
1020004	Asparagus 蘆筍	kg					
1020005	Sugar Pea Shoot 大豆苗	kg					
1020006	Onion Chinese 青蔥	kg					
1020007	Mushroom Chinese 草菇	kg					
1020008	Mushroom French 洋菇	kg					

　　經過正式盤點之後，倉庫將有新的正確的數據資料，有了這些資料成本控制室才能據以計算出倉庫的真正期末存貨。然而在盤存資訊

的計算公式中，容或有一些差異，這就是檢視倉庫運作準確度與效能的步驟。

實際盤點之後的細部作法，請參考第十三章盤點作業的說明。

名詞解釋

1. 安全庫存量（Safety Stock）：安全庫存量乃是倉庫在下一次進貨到達之前，能夠充分的提供營業單位的需求之貨品數量。

2. 永續盤存帳卡（Perpetual inventory）：每一項貨品製作一張帳卡，懸掛在貨架上，每次進與出貨，都需要在帳卡上詳細紀載，此為永續盤存帳卡。

3. 備貨時間（Lead Time）：或前置時間，是指從下訂單到貨品進到倉庫的時間。

4. 先進先出（FIFO）：指倉庫的貨品在發貨時，先進的貨品必須先發出謂之。此為倉庫管理之原則。

5. 1 夸脫（qt）= 0.946升（L）

6. 1 品脫（pt）= 0.473升（L）

7. 滯留存貨清單（Slow Moving Items）：是指倉庫內的某些貨品，有很長一段時間都無使用單位提領，除了造成資金積壓之外，也讓該貨品不新鮮，須設法用掉，因此列出一份清單謂之。

8. 吧檯贈品（Bar Gratis）：是指吧檯免費提供給顧客的零嘴，如花生、豆子、洋芋片……等，主要目的是希望顧客多消費酒類飲料。

9. 損耗報廢（Spoilage Report）：是指餐飲食材因為某些因素而不堪使用，必須做報廢處理。

10. 公關（Public Relation）：是指因為業務需要而招待媒體或重要貴賓。

11. 員工關係：是指員工所享受的優惠折扣，每家飯店所給予員工在餐廳

用餐的優惠不同，這部分優惠需轉成費用，從成本中剃除。

12.水果籃（Fruit Basket）：是指飯店免費提供給特定住房賓客水果籃，做費用處理。

13.GM公寓使用（Apartment）：因為國際大飯店的總經理通常都是住在飯店內，其使用的公寓可能是GM全家一起住，是指公寓所發生的費用。

鮑魚專題

多數飯店餐飲的收入，有一半來自宴會廳，而宴會廳的收入中，又有一半為中式的筵席，其中喜宴又佔大部分。國人在喜宴上的支出較不吝嗇，飯店可以提供高檔形象，能滿足愛面子的顧客的需求，因此筵席的生意一向為宴會廳的營收主力。中餐料理的貴重食材有所謂的「參、鮑、翅及燕窩」，中餐筵席若無其中一項食材，則不能稱之為高級筵席，所以，魚翅及鮑魚的使用量極高。

大多數筵席所用的鮑魚為罐頭鮑魚，墨西哥車輪牌鮑魚是其中的極品，這些年來，隨這需求的增加及產量的減少，價格不斷上漲，三年前一罐680元，現在一罐已經要850元（這裡是指1996年）。採購部門也積極尋找其他替代品，這其間也測試過許多品牌的鮑魚，但是口感仍有落差，無法取代。

有一天，車輪牌鮑魚的代理商來找採購部，提到未來幾年鮑魚的價格會大幅調漲，因為大陸市場慢慢上來，需求增加，但是產量無法增加。最近他們打算要進一大批，鑑於本飯店為多年來的忠實顧客，因此，事先詢問飯店是否要一次購買多一些？每罐單價為830

元，但是需為現金購買。

採購部找Alex討論此事，根據飯店中廚前三年的用量，每年約使用了2000罐，若要一次購買三年的量，則一次必須支付約500萬元，而且一次將增加500萬元的庫存，這其實是不合倉庫管理的原理。

於是他向財務長報告此事，並討論其可行性，財務長要他做一份評估報告，並提出他的建議。Alex去找會計主任討論此事，研究資金來源與利息計算的方式，以及可以節省的金額等。經過一番研究，有如下的計算：

- 一次付現金額：@830×6000＝4,980,000元
- 利息支出：　　$4,980,000×6.5%×3＝896,400元
- 預估未來增值：（未來三年平均價）@（1060－830）×6000
  ＝$1,380,000元
- ＊預估增值利潤：$1,380,000－$896,400＝$483,600元

之後，他發了一份「鮑魚大量進貨評估」，說明雖然一次大量進貨可以節省約248萬，資金利息已做扣除，然而罐頭保存期限約3～4年，這會造成新鮮度與衛生上的顧慮，倉庫週轉率也會降低，以倉庫管理的立場，並不積極贊成，但是建議可以一次採購一半的量，可以減低上述顧慮。另外，一年後再視市場行情，評估是否再辦理一次大量進貨！附帶說明，成本的降低不單只在進貨採購價格方面，售價的合理調整，也需要納入考量。

另外，還有一件大宗採購的案例，是採購部門透過印尼咖啡豆批發商，一次直接自行進口100箱（2500磅）的咖啡豆（烘好），將倉庫都堆滿了。咖啡豆的進價極為便宜，一磅約70多元，估計可節省約6、7萬元的成本。但是，Alex發現一批100箱的咖啡豆，大約用了幾個月，他除了佔倉庫的位置外，豆子的新鮮度逐日遞減，後期

咖啡的風味已然不佳。進了二次後，在餐廳主管的反應下，就喊停了，改回向當地咖啡供應商採購，一次進2～3箱（25磅），價格較高，但是因為供應商已經自己進口生豆，在台灣自行烘焙，隨時可以供應現烘的豆子了。

後來此事就照Alex的建議，一次採購半數的鮑魚，另外也請採購部門再尋找其他替代品牌。經過3年之後，鮑魚的價格果真一如預期，不斷飆升，車輪牌鮑魚一路來到$1200/罐。

※註：現在車輪牌鮑魚一罐價格約3千多元。

學習評量

1. 請說明國際大飯店倉庫的分類。
2. 倉庫管理的功能為何？
3. 請劃出倉庫管理作業流程圖。
4. 何謂先進先出法？
5. 請說明安全庫存量。
6. 請解釋何為「滯留貨品」-Slow moving Item？
7. 存貨周轉率的意義為何？
8. 為何倉庫需要做盤點？

第六章

菜單設計與標準成本分析

第一節　餐飲菜單設計──生產作業的前置規劃

一、菜單設計

　　「菜單設計」在整個餐飲活動中，扮演「敲門磚」的角色，它是「市場定位」的具體實現，也是啟動「餐飲成本控制循環」的開關，若菜單設計沒有完成，後續的活動便無法開始，因此，它是屬於成本控制的「前置規劃控制」階段。

　　菜單一般可分為：單點菜單（à la carte）、套餐菜單（table d'hote）、單點套餐混合式（Combination Menu）、自助餐菜單（Buffet Menu）、半套式菜單（Semi-Set Menu）……等，需視餐廳的特性來規劃。多數以單點菜單為主的餐廳，都有提供套餐選項，或者餐廳是以單點套餐混合式來呈現。但是以自助餐（Buffet）為主的餐廳，則沒有菜單供顧客選擇，只是餐台上必須標示出每一道餐點的名稱，其實自助餐是有其菜單的，但只給廚房人員做為出餐的依據。

　　生產作業是餐飲成本控制環中，重要的執行過程控制部分，因為從採購、驗收、進貨、到倉庫發貨，前面的所有作為就是為了能讓整個生產流程順利，進而能提供最佳的餐飲服務。餐飲成本控制循環中的執行過程如下圖6-1：

　　採購 → 驗收 → 直接進貨 → 倉庫 → 發貨 → 生產（製備、烹調、供應） → 服務銷售 → 採購

　　採購部門負責以最低成本買到最適合的材料，驗收單位確認品質規格與數量，倉庫準備足夠的庫存，是為了讓生產單位能做出最佳產品，充分供應顧客的需求。

　　餐飲食材成本約佔總收入30～35%，是餐飲部門最大的一筆支出，我們以數字來說明就更容易看出，假設JJ國際大飯店每個月餐飲收入平均約為8千萬元，那麼一年就有將近10億元，若以成本率32%來

圖6-1　餐飲成本控制循環圖

計算，則一年需用到的餐飲食材將有3億2千萬元。這一筆龐大的數字在整個生產的流程中，如何被最有效的運用，不浪費、不遺失、不被不正當的使用等，是成本控制中非常重要的課題。

　　生產單位大致分二大類，一為廚房，一為吧台，當然生產的重頭戲在廚房，因為食品收入佔了營收八成以上。以JJ國際大飯來說有11個廚房（包含員工廚房）（請詳第一章圖1-5內場廚房部門組織圖），每個廚房都有主廚或副主廚負責，分別有一些廚師。廚房每天的工作量極大，必須處理許多食材菜餚，不同的餐廳有不同專長的師傅，每個人擅長的手藝也不同，但要如何才能維持一定的菜餚與品質呢？生產作業包括前處理、切割加工、配料、烹調等步驟，那麼多的領班師傅學徒助手，每個人的素養經驗值不同，要怎麼拿捏這些份量與時間？如何才能每次都製作出一樣水準的料理呢？以上這些問題，就需要有完整的前置規劃成本控制流程來予以解決。

二、菜單設計流程

　　當餐廳新一期的菜單設計好，尚未定價之前，要請餐廳的主廚將每一道的料理菜餚，制訂出標準配方表（Standard Recipe）與標準菜餚成本單（Standard Food Items Cost）請詳表6-1、6-2，再請成控室人員，計算出每一道料理菜餚的標準成本，有了標準成本，才進行定價。價格的制定牽涉到許多考量因素，一般都是由餐飲部協理、餐廳長、餐廳經理與主廚共同決定。

表6-1　　*jj* 國際大飯店　　　　　　　　　　　　　　　　　成-02

標準配方表 Standard Recipe

品名：_____　　　　　　　　　　廳別：_____

生產數量：　　　　　　　　份量：　　　　　　　　日期：

材料	數量	單位	單價／單位	小計	
小計Sub Total：					
廚房成本Kitchen Cost 5%					
總計Grand Total：					
每份成本Portion cost：					
製備及作法：					

表6-2 ***jj*** 國際大飯店

標準配方表Standard Recipe

品名：__義大利肉醬__ 廳別：__義式餐廳__

生產數量：__10kg__ 份量：77 日期：xxxxxx

材料	數量	單位	單價／單位	小計	
牛絞肉*（牛臀肉）	7	Kg	180/kg	1260	
洋蔥	1	Kg	40/kg	40	
紅蘿蔔	1	Kg	30/kg	30	
西芹	1	Kg	45/kg	45	
蒜末	0.2	Kg	80/kg	16	
西洋香菜	0.3	Kg	70/kg	21	
番茄糊	1.5	Kg	280/tin/3kg	140	
新鮮番茄	1	Kg	60/kg	60	
義式綜合香料	100	G	-		
胡椒、鹽	50	g	-		
小 計Sub Total：				1612	
廚房成本Kitchen Cost 5%				80.6	
總 計Grand Total ：				1692.6	
每份成本Portion cost ：				22	

製備及作法：

1.將蔬菜切碎備用。

2.放油入鍋，加入碎洋蔥先炒，再加入其他蔬菜。

3.加入牛絞肉炒香後，加入番茄與番茄糊續炒。

4.加入雞高湯淹滿，燉煮約1小時，加入香料調味。

5.起鍋放冷備用。

其菜單設計流程如圖6-2：

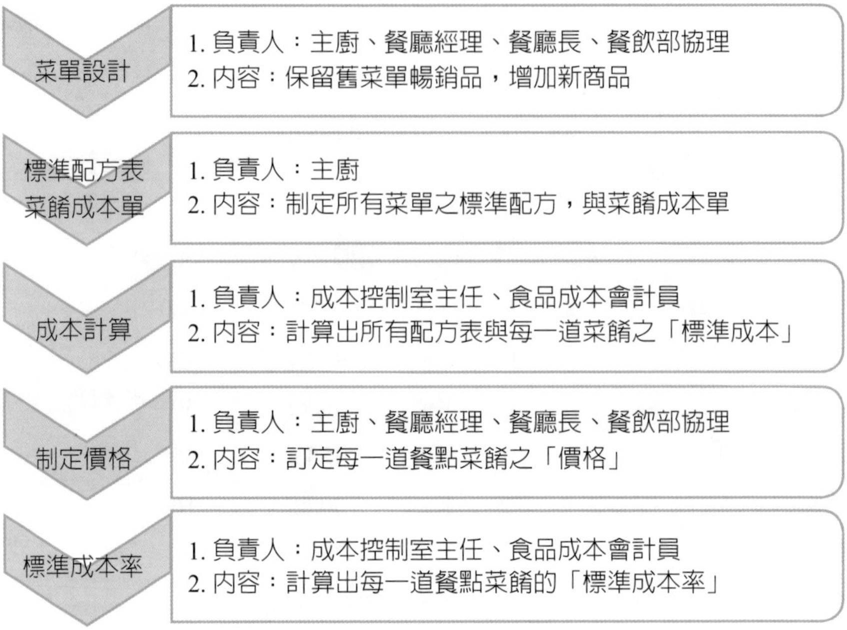

菜單設計	1. 負責人：主廚、餐廳經理、餐廳長、餐飲部協理 2. 內容：保留舊菜單暢銷品，增加新商品
標準配方表 菜餚成本單	1. 負責人：主廚 2. 內容：制定所有菜單之標準配方，與菜餚成本單
成本計算	1. 負責人：成本控制室主任、食品成本會計員 2. 內容：計算出所有配方表與每一道菜餚之「標準成本」
制定價格	1. 負責人：主廚、餐廳經理、餐廳長、餐飲部協理 2. 內容：訂定每一道餐點菜餚之「價格」
標準成本率	1. 負責人：成本控制室主任、食品成本會計員 2. 內容：計算出每一道餐點菜餚的「標準成本率」

圖6-2　菜單設計流程圖

第二節　標準配方表與成本分析

一、標準配方表的定義

1. 目的

　　國際大飯店所提供的食品菜餚，諸如主菜、湯品、點心、沙拉⋯⋯等，都是由許多材料組成的標準配方食譜。其重要性不只在於計算其每道食品菜餚的成本，也在於品質的一致性，因此，建立標準配方表給所有廚房使用就有其必要性。成控部門至少每6個月，須根據市場價格重新計算一次標準成本。

2. 製備方法

　　主廚需負責彙整這些標準配方食譜，所有材料要精確記載，即使是調味品等，使其具有可靠性與一致性，方便計算價格並且包括製備

流程。標準配方表以後續範例說明。你將發現所有材料與製備方法都詳細描述，因此它不僅做為成本計算的依據，同時也是品質控制的依據，它可以給新人參考，或其主管參考，確保產品的一致性。標準配方表的食材經由成控人員做仔細的成本分析計算。每份配方的實際使用量或份數，須由廚房在固定供餐期間確實計算出來。

3.標準配方表製作與成本計算頻率

標準配方無須經常更動，但成本至少每年須重新計算2次，以符合時價。至於使用電腦化系統，則直接連結，更為有效率與方便。標準配方須標示出菜餚上的每一樣食材，包括宴會菜單及所有午餐晚餐，甚至每日主廚推薦特餐等。

4.其它資訊

成控部門須掌握所有食材的清單與價格，以方便計算成本。另外在廚房雜項成本這個欄位，是為了計算方便，調味品香料等微量元素，不需花時間一筆一筆去計算，在主要材料小計總額下，加計5%的廚房成本即可。

為了更精確計算成本，成控室必須準備一本雜貨品項的清單，如乾貨類、罐頭類……等，並且要有採購明細，包括品名、型號、容量、重量、數量……等。

以往傳統的食譜，尤其是中餐的食譜配方，其重量與容量的標示往往並不明確，可能會以台制的「兩」或「錢」表示，在某些材料上（特別是調味料）有時會用「一瓢」、「適量」、「少許」、「量其約」等表示，這種配方無法標準化，每一個師父做出來的東西都不一樣。還有在烹調製備過程的敘述過於簡化，火侯時間的拿捏未寫清楚，經驗的傳遞不足，每個師傅要自行揣摩，其結果自然會有差異。

標準配方表設置的用意，不單只是在於計算菜餚的成本，更在於標準化，讓每位廚師都能遵照配方表操作，讓每一次出的餐點都一樣，如此方可有效維持品質，而且讓學徒能更有效的學習。它也是每

一道料理的食譜配方，將一道菜餚或醬汁的配方寫在表上，每一樣食材都需有正確份量與斤兩，即使是調味品如胡椒、鹽和其他香料也要量化，盡量以公制表示之。

二、標準配方表範例

茲以「義大利肉醬」（標準配方表）做範例說明。

1. 所有材料均須列出，重量數量以公制計算。「價格/單位」為購買食材之進價與購買單位。

2. 「廚房成本」之設計乃為了計算之方便，調味料等不予計算，加5%為廚房成本。

3. 生產數量與份量，是為一次生產的經濟量，除以份數即可得每份的成本。

4. 所計算出來的標準成本，是為了標準菜餚成本計算所需。

經由表6-3「標準配方表」可以計算出製作10公斤量的義大利肉醬（Meat Sauce），成本小計為1612元，廚房成本為80.6，總成本為1692.6元，可知成品每公斤成本為169元（1692/10）。

表6-3　*jj* 國際大飯店

成-03

標準菜餚成本單 Standard Food Items Cost

廳別：＿＿＿＿＿＿＿＿　　　　　　餐期：＿＿＿＿＿＿＿

品名：＿＿＿＿＿＿＿＿　　　　　　菜單形式：＿＿＿＿＿

製作日期：

菜餚組合內容	成本	照片

菜餚組合內容	成本	照片
總 計Cost：		
售 價Price ：		
成本率Food Cost %：		
服務說明：		

　　然而在成本分析上，自助餐（Buffet）形式的菜單，一樣需要制訂出標準配方表（Standard Recipe）與標準菜餚成本單（Standard Food Items Cost），也能計算出標準成本，只是它無法以每道餐點菜餚的標準成本及其銷售數量，來計算出標準成本的金額。這個部份需要以「實際成本」來做最後的檢視，自助餐（Buffet）是屬於成本較高的餐飲形態，需要以量制價，以量取勝，來客數不夠多時即容易造成虧損。

第三節　「標準菜餚成本單」與成本分析

一、標準菜餚成本單的定義

1.目的

　　「標準菜餚成本單」是菜單上任何一道菜餚的標準組合內容，再加上成本分析，可以確切得知這道餐點的「標準成本」。將標準成本

除以售價，如此可以算出「標準成本率」。

此表單的目的不只是紀錄標準份量，同時它也是完整盤飾、服務的準則，且又是進價與售價改變，及成本波動的紀錄表單。

2.責任歸屬

大飯店所有單點與套餐菜單，都需準備與制定「標準菜餚成本單」（成-03），這是餐飲部協理的責任，而成本資料與成本計算則是成本控制室的責任。

3.作法

每一個營運據點的菜單必須標準化，且最新的菜單銷售分析也要事先準備好，餐飲部協理、主廚及成控主管必須對菜單銷售分析資料仔細研討過。不管是配方上、生熟食測試、標準份量的建立等，都能得到一個好的成本及售價，並且是餐飲部協理可以接受的。如果是新的營運據點，相同的方法必須照作，當新的菜單確定後，行銷活動也要開始規劃。

餐廳的電腦系統，可以方便自動計算，每月的標準食物成本，標準配方與製備流程，是由主廚決定，有可能早已建檔了，但餐廳經理與餐飲部協理也可以提供建議做適度調整。當這些都定案後，就由成控室接手做成本計算，即使是配菜的改變，也必須依照銷售分析與食物成本來做考量。最終，成本控制室需彙總完成「標準菜餚成本單」。

二、標準菜餚成本單表格

請詳表6-3，標準菜餚成本單空白表格。

三、標準菜餚成本單範例

1.表頭

餐廳名稱、菜單形式、供餐期間、餐點名稱。

2.內容組成

　　這是一道菜的組合與呈現清單，包括主菜、配菜、醬汁與盤飾，需有單獨配方表，做為單項成本計算的依據。

3.成本計算

　　成本計算是由成控室根據標準配方表（成-02）完成，而且在一定期間內需要重新檢查或重新計算。

4.總計

　　所有品項的成本加總後，除以售價即得成本率，並填入適當欄位。

5.服務指引

　　服務指引由餐飲部協理制定，包括餐具的選用（瓷器、銀器、口布等）、不同菜色的服務方式與服務流程。廚房服務區的設置由主廚決定，財務部門則須配置收銀系統。當菜的內容有更動、新增，或是調整價格時，菜單品項則必須重寫。

　　為簡化標準菜單之成本計算，應建立標準食譜系統，制作索引清單，例如醬汁、湯品、開胃菜、點心……等。索引包括：標準配方表編號、配方名稱、每公斤／公升之成本、每份之成本等。其他如烹調測試的每份成本係數，或是切割後每公斤之成本等類似的索引也要準備。

　　儘管成控部門在整個過程中，扮演資料的提供與紀錄等工作，但是餐飲部協理在整套系統的建置、確實使用與維護，負有最大的責任。目前餐飲業已經走向連鎖加盟的趨勢，一個成功的餐廳是可以被複製的，其關鍵就在於「標準化」。設想「麥當勞」全球有32,000多家，其產品在世界任何地方都是一模一樣，口味也一致，如何能做到呢？答案也是標準化。就如台灣王品餐飲集團的各式餐廳、瓦城泰式料理、和民日式料理、錢都涮涮鍋……等，莫不是用標準化做到連鎖加盟的地步。

茲以下表6-4「鴨胸義大利寬扁麵」（標準菜餚成本單）做範例說明。

表6-4 **jj** 國際大飯店

標準菜餚成本單 Standard Food Items Cost

廳別：義式餐廳　　　　　　　　　　　　　餐期：午餐、晚餐
品名：鴨胸義大利寬扁麵　　　　　　　　　菜單形式：單點
　　　　　　　　　　　　　　　　　　　　製作日期：xxxxxxxx

菜餚組合內容	成本	照片
煙燻鴨胸 1 份 150g ($300/kg)	45	
義大利寬扁麵 1 份 100g ($55/454g)	12	
義大利肉醬 1 份 130g（$169/kg）	22	
烤好松子 1 份 10g ($650/kg)	6.5	
總計 Cost：	85.5	
售價 Price：	360	
成本率 Food Cost %：	24%	
服務說明：		
1. 將炒好之義式寬扁麵裝入晚餐盤。		
2. 將煎好之鴨胸放入，灑上烤好之松子、Parsley 做裝飾。		
3. 趁熱上桌，並現場加上帕馬森起士粉或現刨之起士片。		

餐飲成本控制——理論與實務

116

1. 所有菜餚內之組合內容均須列出。

2. 各組合內容之標準配方表（成-02）-之成本必須經過明確計算。

3. 所計算出來的標準成本，是做為訂價之依據，並計算出標準成本率。

4. 必須附上餐點產品之照片，讓每次出餐最後之盤飾皆能一致。

5. 價格由主廚及餐廳經理建議，最後由餐飲部協理決定。

　　由範例可以明確看出一道菜餚的各種組成要素，如自製醬汁是需要事先做好備用的，它也必須能夠根據「標準配方表」的做法，事先計算出它的成本。其他如主餐的配菜、洋芋泥、焗烤洋芋、奶油飯、什錦蔬菜……等都是相同的做法。因此，鴨胸義大利寬扁麵的標準成本為85.5元，決定售價為360元，標準成本率為24%。

　　由標準菜餚成本單可以知道鴨胸義大利寬扁麵需要使用130g的肉醬，根據義大利肉醬配方表計算結果，每公斤的肉醬成本為169元，所以算出每份成本為22元。然而肉醬也可以用在其它料理上，如果某一道料理需要使用100g的肉醬，則其成本為16.9元。

　　經由這兩個表格的充分運用，可以讓整個生產部門進入一種標準化的流程，就如同標準服務流程SOP一般，不管廚房或吧台，都能維持良好的產品品質。同時也讓做的人能夠清楚明白，每一道料理的成本是多少。既知其然，又知其所以然。*註：食材市價會有波動，標準成本計算應定期為之！

第四節　建立標準成本 ── 餐飲成本的目標

一、標準成本的觀念

　　身為餐飲部門的管理者、主管、專業餐飲人員，必須有「標準成本」的正確觀念，因為它提供一個分析比較的基礎與方法。在餐飲經

營上，它為你指引出一個方向，讓你能朝目標邁進，它也為你建構出完整的架構，讓你能時時檢視每一個流程與環節。

標準成本就像超商裡商品的進價，例如一瓶鮮奶進價48元，售價60元，則代表一瓶鮮奶的標準成本就是48元，48元除以60元，則成本率為80%。因此，標準成本是某餐廳所有售出的商品組合的總額，每個餐廳都有其標準成本。以JJ國際大飯店的翡冷翠義式餐廳為例，其菜單有100項，6月份的商品銷售紀錄如下表6-5（義式餐廳菜單銷售紀錄表），則其整體營業額與標準成本透過POS系統可以得到數字為：餐飲總收入=2,144,500元，標準成本總額=$654,072，標準成本率為=30.5%。

而其標準成本是為「目標成本」（即潛在成本），就是透過標準化作業流程，在正確的成本控制循環操作之後，希望得到的目標成本，當然也期望與「實際成本」儘量接近，甚至是一致的。

如果結帳後的「實際成本」與「標準成本」有較大的落差時，該如何處裡？這將在成本分析報告書的章節裡再做細部說明。

範例

表6-5　義式餐廳菜單銷售紀錄表
期間：101年6月1日～102年6月30日

編號	品項	成本	售價	成本率%	銷售數量
Xx01	Antipasti E Insalata Misti A Sorpresa 綜合開胃菜	60	250	24	2600
Xx02	Insalata Caprese e Basilico Fresco 鮮莫扎里拉起士番茄羅勒盤	75	280	27	1800
...	Minestrone Di Verdure Con Zucchini 義式綠節瓜蔬菜清湯	20	100	20	900
...	Creama Pi Datate Con Porri 扁豆湯	18	100	27	850

編號	品項	成本	售價	成本率%	銷售數量
...	Zuppa Al Pomodoro 番茄濃湯	24	100	24	1600
...	Tagliatelle Alla Carbonara 奶油培根寬麵	80	290	25.5	1720
...	Gnocchi Di Patate Con Pesto Genovese Epolpa Di Granghio 青醬蟹肉麵疙瘩	88	300	32	1450
...	Petto d'anatra Alla Fettuccine 鴨胸義大利寬扁麵	85.5	360	24	750
...	Tagliatelle Ai Funghi Porcini E Scaglie Di Tartufo Nero 普奇尼菌菇義大利寬麵	92	320	28.8	1250
...	Risotto Ai Frutti Di Mare 什錦海鮮燉飯	76	270	28	2100
...	Bistecca Alla Fiorentina 佛羅倫斯牛排佐綠胡椒沙司	250	850	29.4	1200
...	Galletto Al Forno Al Balsamico E Peperoni 香烤半雞佐甜椒蜂蜜義式老醋沙司	210	780	30	1480
...	Osso Buco Alla Milanese Con Porcini 普奇尼菌菇燉牛膝	245	920	26.6	600
...	Filetto Di Cernia Rossa Alla Salsa Di Peperoni Rossi 鮮魚佐甜椒白酒沙司	192	780	25	910
...	Costine Di Manzo Ai Ferri Con Salsa Al Pepe Verde 香煎無骨牛小排佐綠胡椒沙司	260	980	26.5	1200
...	Filetto Di Manzo Al Vino Porto 一級鐵扒菲力佐波特沙司	480	1550	32	500
...	Panna Cotta Con Frutta Fresca 義式傳統奶酪	15	90	17	1800
...	Budino Al Caramello 焦糖烤布蕾	18	90	28	1350
...	Macedonia Di Frutta 糖漬季節鮮果	25	110	23	800
...	Tiramisu 提拉米蘇	28	110	25.5	1900
	......				......
	......				......
	總計				

第五節　更換菜單與試菜

一、菜單更新

　　餐飲業是一個高度競爭的行業，不斷有新的餐廳或飯店出現，若不努力進步很快就會被市場淘汰。套句古人說的話：「學如逆水行舟，不進則退。」，用在各行各業都很適用！。尤其現在是創意無限的年代，這已經不只是跟當地業者競爭，隨著網路無國界的影響，已經在跟全世界競爭了！

　　餐廳的菜單不可能一成不變，一段時間就必須換新的菜單，這就有賴主廚與領班們大家集思廣益，研發新的菜單，讓顧客不斷有新鮮感。但是要更換新菜單並不是全面更新，而是做一部分的調整，需要被替換掉的餐點，一般都是銷售成績不佳的品項。這個時候，可以做「菜單分析工程」，以做為更換新菜單的參考依據（請詳表6-5義式餐廳菜單銷售紀錄表）。

　　當新菜單確定之後，就必須要請餐廳的主廚們，制訂新式菜餚餐點的標準配方表（Standard Recipe）與標準菜餚成本單（Standard Food Items Cost），請詳表6-1、6-2。之後再請成控室計算出配方表與成本單的標準成本，有了標準成本之後再來做餐點的定價。

二、菜單分析工程

　　當某一個餐廳準備更新菜單時，最好用菜單分析工程來幫忙分析，可以使用電腦POS系統，找出最近一年以來的銷售紀錄，分析其產品組合及銷售利潤與數量，找出目前產品的特性，以做為更換新菜單的參考依據。

　　根據Jack .D. Ninemeier（1986）引述自Michael L. Kasavana and Donald I. Smith,，菜單分析工程，將所有品項依其銷售量之多寡與利

餐飲成本控制——理論與實務

潤之高低，分為四個類型：

1.明星型（Stars）：屬於利潤高銷售量高的產品。
2.跑馬型（Horses）：屬於利潤低銷售量高的產品（薄利多銷型）。
3.困惑型（Puzzles）：屬於利潤高銷售量低的產品。
4.苟延殘喘型（Dogs）：屬於利潤低銷售量低的產品。

此外，菜單分析工程中將菜單項目以邊際貢獻率Contribution Margin（利潤）和點菜率[Menu Mix]（產品銷售量）作為座標，將菜色分為四個象限，如圖6-3：

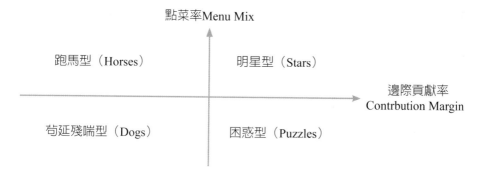

圖6-3　菜單分析工程象限圖

茲以翡冷翠式餐廳菜單銷售紀錄表作範例：

從翡冷翠義式餐廳的菜單銷售紀錄來分析，每一道餐點菜餚有不同的成本與售價，銷售數量與利潤率。如此可以將菜單依照四個象限做為區分：

明星型（Stars）：

新鮮莫扎里拉起司蕃茄羅勒盤

綜合開胃菜

蕃茄濃湯

奶油培根寬麵

什錦海鮮燉飯

提拉米蘇

義式傳統奶酪

跑馬型（Horses）：

青醬蟹肉麵疙瘩

普奇尼菌菇義大利寬麵

香烤半雞佐甜椒蜂蜜義式老醋沙司

焦糖烤布蕾

困惑型（Puzzles）：

義式綠節瓜蔬菜清湯

普奇尼菌菇燉牛膝

鮮魚佐甜椒白酒沙司

香煎無骨牛小排佐綠胡椒沙司

苟延殘喘型（Dogs）：

扁豆湯

鴨胸義大利寬扁麵

一級鐵扒菲力佐波特沙司

糖漬季節鮮果

　　更換菜單時可以考量將苟延殘喘型（Dogs）的產品刪除，換上一些較新的產品，對於困惑型的產品，加強行銷或可考慮更換。明星型產品，儘量維持品質及口碑，而跑馬型產品則提升菜餚品質以提高售價。

三、試菜

　　不管是局部更換菜單還是全面翻新菜單，在新菜單推出之前，需要拍攝產品照片，因為照片除了製作新菜單使用之外，還需要有菜色照片貼在標準菜餚成本單（Standard Food Items Cost）上面，做為未來

餐廳出餐的標準。此外，餐飲部應該辦一場試菜，將該餐廳所有新的餐點菜餚製作出來，讓所有外場與內場同仁見識，並一起品嘗菜餚，藉這個機會瞭解菜色內容，也可以請主廚介紹新菜的特色，甚至是有關食物對身體的好處等。如此，服務人員在幫顧客點餐時，可以生動的介紹並做推銷，這是一個良性循環。

試菜活動的餐飲成本，可以將之轉成費用，如此才不致影響食物成本。做法是將新菜單之所有試菜的成本，標準菜餚成本單（Standard Food Items Cost）之金額加總，填寫一張「部門轉帳單」，記述試菜活動相關細節，由行政主廚簽名，送給成控室做為該餐廳成本的減項依據。

第六節　菜單訂價策略與餐飲市場調查

菜單的訂價是一種策略的運用，它有高度的競爭性，飯店的餐廳有其形象因素，故而價格不宜太低，但是要定多高也需要經過縝密的思考。這時就要做所謂的「市場調查」，充分了解餐飲市場的現況，掌握競爭對手的資訊，分析自身的優勢與劣勢，再擬定競爭策略。

價格本身就是一種「市場定位」，每一個價位有其目標客層的考量，因此，當價格決定之後，也就決定了「目標市場」。如何在這個目標市場站穩腳步甚至引領風騷，這有賴廚師的手藝和專業的服務，否則將如沙灘的城堡，很快在下一個浪潮中無聲無息的消失了。

菜單設計與價格制定，最後將面臨顧客的考驗，營業數字將告訴你得到的是顧客的掌聲，抑或是噓聲？成本分析報表，則將呈現餐飲團隊的經營與管理能力。

名詞解釋

1. 市場定位（Market Positioning）：是指一家企業的產品希望能在顧客的心目中形塑出什麼樣的感覺，以餐廳而言，是希望走高格調高消費，抑或平價奢華路線……？

2. 單點菜單（à la carte）：指客人可以隨意挑選菜單上，所喜歡的菜餚餐點。

3. 套餐菜單（table d'hote）：菜色已經組合成套，可能有不同價位的套餐，客人只需挑選哪一套即可。

4. 單點套餐混合式（Combination Menu）：套餐的內容可以自由搭配，亦可以由單點菜單內配成套餐之選擇功能。

5. 自助餐菜單（Buffet Menu）：此種自助式Buffet本身並無菜單給客人，但是餐檯上必須在每一道餐點前放置菜卡，標明中英文之菜名。

6. 半套式菜單（Semi-Set Menu）：是簡單自助式餐檯（沙拉吧）加上選擇性的主餐或飲料之菜單。

7. 標準配方表（Standard Recipe）：即一道餐點或飲料之食譜配方，加上其所使用材料之成本計算表，每一位廚師或吧檯員根據標準配方表，都可以做出一樣的餐點與調製出一樣的飲品。

8. 標準菜餚成本單（Standard Food Cost）：即一道組合成的主餐菜餚之成本計算，例如「蘑菇肋眼牛排」其中有「蘑菇醬汁」、「肋眼牛排」、蔬菜、焗烤馬鈴薯等。而蘑菇醬汁、焗烤馬鈴薯與肋眼牛排都需事先調理，依據標準配方表製作並計算出其成本，當主餐組合完成時，方有其總成本。

9. 公制：度量衡單位，以公斤、公克、公升、公合、公尺、公分為計算標準。

10. 連鎖加盟（Franchisees）：即相同的餐廳在不同的地區開出，除了自身經營的餐廳之外，尚可讓其他人加盟經營同樣的餐廳，其要點就是要有相同的產品與服務品質。

11. 目標成本（Target Cost）：即標準成本，通常以總體成本為目標，一般以成本率（%）表示。每個餐廳的目標成本不一，應以其餐廳特性為訂定的標準。

12. 菜單分析工程（Menu Engineering）：餐廳經營一段時間後，可以為該餐廳之產品銷售做一番檢討，包括每項產品之銷售紀錄，成本、售價與銷售數量，如此可知每項產品的受歡迎程度與其毛利率，此分析工成可做為更換菜單的依據。其分析大致可歸為四類，即「明星型產品」、「跑馬型產品」、「困惑型產品」與「苟延殘喘型產品」。

13. 競爭策略（Competition Strategy）：即餐飲部門針對競爭對手所採取的方法，如定價策略、促銷策略、例如：「4人同行1人免費」、刷卡打折、販售餐券……等。

菜單分析工程（Menu Engineering）

　　有一天，餐飲部協理Gorde找Alex到辦公室，說最近咖啡廳準備更換菜單，希望他做一份咖啡廳的菜單分析（Menu Engineering）以為參考。剛好最近他在進修美國旅館協會的餐飲管理課程，雖然他並不曾做過，但在書上有介紹菜單分析工程的做法，於是他就跟Gorde說2-3天，他會準備好分析表給他。

　　他先到資訊室找主管Banson，請他幫忙從POS系統列印出咖啡廳過去一年的銷售紀錄，包括成本、售價與銷售數量。由於公司是採按月結帳，每個月的資料無法做年度累績，於是他抱回12個月份的銷售資料，用Excel設計一個銷售分析表格，表頭為：菜單品名、成本、售價、銷售數量、毛利率、備註等欄位。先將菜單內容鍵

入，依序再鍵入成本金額、售價與銷售數量。其中毛利率欄位是設公式處理，做法為：（售價-成本）/（售價）每一個月建立一個工作表，12個月份依序建制完畢後，再設一個總表，利用公式，將這12個月的數字分別彙總到總表來。完成後，再利用資料排序法，分別排序「銷售量排行榜」、「毛利率排行榜」。

之後，將所有菜單品項分為四大類，分別是：

1.明星型（STARS）：屬於點菜率高、毛利率高的產品。

2.跑馬型（HORSES）：屬於點菜率高、毛利率低的產品（薄利多銷型）。

3.困惑型（PUZZLES）：屬於點菜率低、毛利率高的產品。

4.苟延殘喘型（DOGS）：屬於點菜率低、毛利率低的產品。

此外，使用座標方式可以如下的方式表現：

根據上面的分類法，ALEX將目前的菜單區分為上述四大類，並備註了各個品項的正確數據，做了一份完整的報表，兩天後送給餐飲部。Gorde很仔細的閱讀完報表，他說：「做得非常好！，它提供了更新菜單的正確指引。」

學習評量

1. 菜單可分為哪些類別？

2. 請說明菜單設計的流程？

3. 請說明標準配方表的意義。

4. 請說明標準菜餚成本單的目的。

5. 何謂標準成本？

6. 何謂菜單分析工程？

7. 請說明菜單定價策略。

第七章

銷售服務與成本控制

第一節　銷售服務與收入

一、收入的定義

每一筆飯店的收入都需要定義幾個重要觀念：客數、平均消費額、食品／飲料銷售額、餐期，任何一筆消費都將由這幾個要素組成。茲說明如下：

所謂客數是指顧客在飯店的任何餐飲據點（餐廳宴會廳或酒吧）所消費的任何品項，不管是整套餐點或是僅只一杯咖啡還是其他任何單項，（例如：早餐、午餐、晚餐、下午茶、雞尾酒會、宴會廳的歡迎茶會等）所有服務的客人數。服務人員或領班將客數記載在點菜單「Captain Order/Guest Check」之帳單上，然後再由出納分別記錄於不同餐期的來客數。不管飯店使用電子式收銀機或連線收銀系統，當帳單確認且客人簽帳或付現時，所鍵入的客數已經自動累加了。

所謂平均消費額是指顧客所支付的餐費（銷售額）除以客數，因此食品平均消費額即是食品收入除以客數，飲料平均消費額即是飲料收入除以客數即可得到。

所謂銷售額（餐飲收入）還可以區分為食品銷售額及飲料銷售額。每一個餐飲據點的營收特性不同，最明顯的區分為餐廳與酒吧，餐廳的收入以食品收入為主，飲料收入為輔，酒吧則相反。

所謂餐期是指餐飲據點營業時間的區分，如早餐、午餐、晚餐、下午茶、消夜……等。一般餐廳可能只區分為午餐與晚餐兩個餐期，咖啡廳則可能分到五個餐期，酒吧則不一定，需視營業時間與狀況予以切割。宴會廳的餐期則以餐飲服務形式予以區分，例如：茶會、酒會、中式餐會、西式餐會、喜宴、外燴……等。

除此之外，對於銷售品項的定義，也會影響這兩者間的收入分配，例如：咖啡、茶、新鮮果汁這3項收入是屬於「食品收入」還是

「飲料收入」？許多飯店將咖啡豆（粉）、茶葉、水果等都當成食品類材料，如果這3項是屬於食品收入，則沒甚麼問題，可是如果當成飲料收入時，則其成本就必須做轉帳處理了。其他像可可、牛奶、檸檬汁……等，都有相同情況。

　　收入為何需要切割成這幾個要素呢？最主要在說明一家餐廳的營收狀況，從這幾個數字即可簡單判斷，這是一家平價餐廳或者是一家高檔餐廳？平均消費額代表每一位顧客單次在餐廳的消費金額，金額越高代表餐廳越高檔，反之則愈趨平價。來客數代表餐廳的生意量，客數越多生意越好，客數越少生意越差，高檔餐廳的客數相對於平價餐廳則會較少。餐期區分了不同的營業時段，這說明收入與餐期的差異性，通常午餐的營收都較晚餐為低，平均消費額也較低。

　　但是宴會廳則需要另外區別宴會的形式，因為這之間有著極大的差異，例如茶會的平均消費額可能一客150元到300元不等，而喜宴一客可能要1000元到2000元以上不等。另外現在的宴席都會有所謂「專案Package」活動，單一消費金額中包含餐食與飲料，例如喜宴優惠專案的價格，一桌20000元可能除了餐費外，還包含飲料無限暢飲，每桌送1瓶紅酒，蜜月套房1晚及每桌1盆鮮花&氣球布置。這時該宴會的收入就必須做出調整，根據成本計算後，可能將每桌20,000元分成：食品收入17,000元、飲料收入1,500元、鮮花800元、氣球布置700元不等，這需要事先討論過。

　　有關客數及食品與飲料銷售額，餐期與餐廳別等資料，都是從「每日餐飲收入報表」而來，此報表早期是由會計部門夜間稽核單位所準備，須於隔天早上10:00前送給成本控制室。但是隨著時代的演進，現在許多的飯店都已取消夜間稽核這項職務，改由櫃檯出納一併處理。

二、菜單形式與餐飲服務

根據不同的菜單形式，單點（A La Carte）與套餐（Set Menu）形式的餐飲服務，都是由服務人員從頭到尾提供服務，從迎賓、帶位、點餐、送餐、飲料服務、結帳、送客……等。半套式套餐（semi-Buffet）與自助式（Buffet），在點餐、送餐、飲料服務部份，則由服務人員提供一半甚至更少的服務，其餘則由顧客自由取餐，自己服務自己。由此可見，不管哪一種菜單形式，都需要服務人員的協助，因此，餐飲服務是餐飲產品（餐點菜餚、飲料）的最終傳遞者，它在某種程度上，決定了餐飲品質的優劣，所以，餐飲銷售是整個餐飲控制循環最後結果的呈現。

一場成功的演奏會，是樂團所有單位與人員，透過各個階段的準備與努力，經過不斷的練習，最後所呈現出來的結果。每一場精彩的餐會，又何嘗不是如此呢？

餐廳的營收是這一連串努力後的報酬，從菜單設計、採購、驗收、進貨、倉儲、發貨、生產製備、提供服務……等過程，餐飲收入成為了這一連串過程的評價基礎。我們知道飯店提供各式各樣的餐飲服務與活動，除了滿足顧客的需求外，也是希望能創造利潤，因為，利潤是飯店企業能夠繼續提供優質服務的關鍵。一家不賺錢的餐廳，很快就會關門，一家飯店如果繼續虧損，一樣難逃出局的命運。

三、餐廳的損益

餐廳的經營管理有許多理念與作法，尤其是在國際大飯店內的餐廳，身上流著飯店的血液，其格調不能太低，菜餚與服務品質需有一定的水準。但是不管如何講究其格調，也要有合理的利潤，最終仍然要檢視營運的績效，那就是一家餐廳的損益狀況。餐廳的損益，有其計算的公式，以大項目而言可以下列公式表示之：

餐飲收入

− 餐飲成本

人事費用

其他費用

行政費用

行銷費用

能源費用

租金費用

攤提費用

利息費用

= 淨利潤／（損）

　　餐廳主管身負業績的壓力，如何將餐廳經營成為受顧客歡迎，餐點好，服務優、營業額高的賺錢餐廳，是最高的夢想。主廚負責提供美味好吃的菜餚餐點，並控制好食物成本，外場服務主管對服務品質的提升負責，成控室則站在監督與協助的角度，管理與供給餐飲材料的品質與數量，提出正確的成本控制報表，讓餐飲成本控制循環得到最佳的結果。

第二節　POS系統與營收管理

一、POS系統

　　目前一般餐廳的服務流程大致相同，顧客有預約或無預約進到餐廳，由領檯人員迎賓帶位，服務人員接著幫顧客點餐，傳統都是使用點菜單（Captain Order），點完餐後將點單key入POS系統，廚房接著會列印出屬於廚房的點單。現在許多餐廳已採用PDA手持式裝置作為

點菜工具，利用無線網路直接連線到POS系統。若是廚房有區分為不同料理台，例如：冷廚、熱廚、點心房、燒臘、披薩……等，或是吧台，POS系統會自動將屬於該料理台的點單列印出來，當然前提是每一個料理台需加裝一台印表機，在POS系統建置菜單時，便需要分出所需的供餐料理台。廚房人員收到點單之後，便著手準備供餐，傳菜人員則將廚房所出的餐點，迅速且正確的送達每一餐桌，服務人員則將用完餐的空盤撤掉，清出桌面，以利下一道餐點的呈現。

若是顧客加點菜餚或飲料，做法並無二致，POS系統會自動累加，並且時間也會自動加註，相當方便。即使碰上兩桌合併、同桌拆帳、折扣、加購、禮券、優惠券混合使用……等，或是現金與信用卡出納帳務，都能迅速的處理。多數的餐廳都會準備帳單夾，當點餐完畢，除了各料理台外，會印出該桌的帳單，包括所點的餐食與飲料及其金額，帳單放入帳夾，並送到該餐桌。顧客要結帳時，可請服務人員協助或自行到櫃檯買單，出納人員即根據帳單總金額，請問顧客付現還是刷卡，若顧客對金額沒有問題，則選擇付帳方式，完成結帳。

二、營收管理

如何確保收入的每一塊錢，都進到飯店的口袋，這是財務部門非常重要的課題，出納在這個環節扮演重要的角色。早期飯店財務部設有出納組，負責各個餐廳與櫃檯的收入工作，到現在仍然有許多飯店使用出納人員。但也有一些飯店已經將出納的工作改為各餐廳外場人員負責，大廳接待櫃台的出納工作也由櫃台人員自行負責。

這中間有幾個重要的原因，就是統一發票的實施、信用卡與POS系統的普遍運用，這些因素讓出納作業更加透明化。顧客索取統一發票，使用信用卡付帳，POS系統讓點單與結帳單據成為出納與會計的記錄，如此一來，收入得到了相當的保障，大大減低不肖員工上下其手的機會，這對營收的管理有相當大的幫助，若有一天全面進入電子

消費系統，顧客不再使用現金付帳時，則對餐飲業者而言，將是更加安全與方便。

出納作業大致為每日營業前，出納人員備妥零用金，打開POS系統，準備開門，餐廳主管檢視今日促銷方案與折扣優惠，並詢問廚房吧檯有無掛單情形，並在POS系統上做必要的修正，之後便可開門營業。每日營業結束，出納人員必須做日結帳，結清關閉POS系統當日的帳，並製作銷售日報表、現金帳，將所收的現金與帳表交到指定的地方，如此便完成每日的出納作業。

餐飲部門的營收日報表，便是利用POS系統，將各餐廳餐飲收入及其他收入，彙總而成。收入稽核部門則針對各廳的銷售報表，做分析與稽核，及後續的帳務處理，若有問題則必須作帳務調整。成本控制室則是根據收入稽核所給予的營收報表，做為各廳成本率計算與分析的依據。餐飲收入是分母，餐飲成本是分子，餐飲成本/餐飲收入＝成本率，因此，有正確的收入金額，才能有正確的成本率。我們可以說：營收是成本的終極表現。

第三節　營收日報表

餐廳收入的報表呈現，一般與預算編列的表格類似，但是有些會計科目與數字，只出現在餐廳的每日收入報表，正式的營收日報表，不會特別列出來，例如：服務費收入、其他收入、代支代付等。此外，餐廳的每日收入報表，其收入金額是包含5%的加值型營業稅，這部份需於正式報表中剔除，而10%的服務費已可以直接分開呈現。

舉例說明：

泰荷餐廳某日收入資料如下：

總收入$141,726元，其中餐點收入有$129,283元、飲料收入有

$12,443元。

　　但因其收入中含有10%的服務費與5%的加值型營業稅，所以在製作正式每日營收報表時，需要予以削除，作法如下：

　　餐點收入 = $129,283 ÷ 1.15 = 112,420

　　餐點服務費 = 112420 *10% = 11,242

　　餐點營業稅 = 112420*5% = 5,621

　　飲料收入 = $12,443 ÷ 1.15 = 10,820

　　飲料服務費 = 10,820 * 10% = 1,082

　　飲料營業稅 = 10,820 * 5% = 541

　　上述資料可以整理如表7-1：

表7-1

	餐點收入	飲料收入	餐飲收入
淨收入	112420	10820	123240
服務費10%	11242	1082	12324
營業稅5%	5621	541	135564
總收入	129283	12443	141726

　　營收日報表需要依照餐期而有來客數、食品收入、飲料收入及食品與飲料的平均消費額等數據。此外其表格的設計可以加上月累積（MTD），放入來客數、食品收入、飲料收入與總收入的欄位中，這樣方便馬上看出本月到昨天為止的營收狀況。此表為收入稽核單位所提供。

　　茲以JJ國際大飯店空白表格為例，請詳表7-2營收日報表。

表7-2　餐飲收入報表 Food and Beverage Daily Revenue Report

期間：

月份：　　　　　　　　　　　　　　　　　　　　　　　　　　　Date:

天數：

	客數		食品收入					飲料收入					總餐飲收入	
	客天	本月累積	本日			本月累積		本日			本月累積		本日	本月累積
			均消/人	餐點收入	均消人	餐點收入	均消/人	飲料收入	均消/人	飲料收入		總收入	總餐飲收入
Brasseries														
早餐														
午餐														
下午茶														
晚餐														
消夜														
總計														
牛排館														
午餐														
晚餐														
總計														
霞飛邸														
午餐														
晚餐														
總計														

翡冷翠									
午餐									
晚餐									
總計									
麥荷餐廳									
午餐									
晚餐									
總計									
Genji									
午餐									
晚餐									
總計									
紅樓餐廳									
午餐									
晚餐									
總計									
大廳酒吧									
其他									
總計									
銀河酒吧									
其他									
總計									

夜總會	其他								
	總計								
宴會廳	會議餐飲								
	一般餐會								
西餐	酒會								
	外燴								
	喜宴								
	小計								
中餐	一般餐會								
	酒會								
	外燴								
	喜宴								
	小計								
	總計								
	飯店總計								

第四節 標準服務流程SOP

一、標準的定義

每家餐廳的餐飲形式不同，供餐的方式不同，其服務的方式必須根據該餐廳的餐飲理念與特性而設計，以達到最佳的服務需求，而為了服務品質的一致性，有必要制定標準服務流程SOP。因此，標準服務流程並不是一套各餐廳適用的標準，乃是各餐廳需要替自己量身打造。

標準服務流程可依服務區塊、段落、時間點，而區分為專門的作業標準，例如：接聽電話、預約訂位、迎賓、帶位、協助入座、倒水、拆口布、點餐、送餐上菜、撤空盤、酒水服務、清桌面、更換檯布、協助買單、送客、廁所清潔、擦式餐具、餐桌擺設、傳菜作業、關門作業……等。又如自助式Buffet餐廳，餐台的管理補充作業，中餐提供北京烤鴨之現場片鴨作業，不同的餐廳提供不同的餐飲形式，故而標準服務流程SOP，自然要根據服務需求與現場情況考量來設計。

標準服務流程的設計，在每個作業流程中，大致有四個要點，即誰、做甚麼、如何做、相關細節備註等。茲以JJ國際大飯店的泰荷餐廳，領台標準作業流程為範例說明。請詳表7-3。

表7-3　泰荷餐廳
工作項目：「領台」標準作業流程

做什麼	如何做	備註
開始營業前的準備工作	1. 將電話轉接取消 2. 準備好座位表、Order單、訂餐表 3. 開始營業時將餐廳電子立牌移開	若有訂位，事先安排好座位，並擺上訂位牌

做什麼	如何做	備註
迎接客人	面帶微笑並向前一步問候客人「莎哇低咖！歡迎光臨。」並詢問有無訂位	態度親切，自然而優雅
確定用餐人數	確定客人總共用餐人數，並且為其安排適當的座位數，若已經有同伴先行進入，為其指引方向	安排座位時，若有行動不便者，須特別安排
帶位	帶領客人至座位，沿路視情形為客人介紹餐廳及菜色種類，提醒小心階梯	向每位客人問好，順便介紹餐廳營業項目
就指定位置時	1. 替客人拉開椅子 2. 將多餘的餐具收回至備餐區歸位 3. 若有訂位牌者，將訂位牌收回 4. 預祝客人用餐愉快 5. 迅速返回領檯	視客人需求，為其增設座椅，或兒童椅、兒童餐具
客人離開餐廳時（結帳）	向客人致謝，並詢問是否滿意今天的菜色與服務，並期待他們再度光臨！	若是客人臨檯結帳，則予以問候並提供必要的協助

二、SOP的重要觀念

標準服務流程SOP是現今餐飲服務業，大家都耳熟能詳的用語，尤其越來越多的連鎖餐廳，更需要有一套完整的標準服務流程。外場服務人員具有流動率高的特性，需要不斷的教育訓練才能維持服務水準。自從美式連鎖餐飲巨擘麥當勞引進台灣之後，標準服務流程已成為一種標竿。然而各家餐廳的性質不同，若只是墨守成規，標準服務流程並不會提升服務的品質。服務的品質在於注重顧客的需求，每個顧客都不一樣，因此在許多時候，標準服務流程只能是一個基礎，必

須根據顧客的需要，做出應變與調整，以顧客的感覺爲依歸，才能達到眞正的所謂好的服務！

<h1 style="text-align:center">第五節　預防員工偷竊</h1>

　　這是探討人性面的篇章，孟子說道：人性本善，在一個良好制度的規範下人會受到良好的引導，認眞負責，盡心盡力替公司打拚。然而，人是情感的動物，容易受到誘惑，尤其在內部控制制度不夠健全的地方，更容易引誘犯罪。因此，營造一個優質的工作環境，會計制度健全的管理系統，內部稽核有作用的飯店，讓每位員工都能受到好的照顧，激發出認眞負責的情操，相信一個良性循環會讓所有同仁向上提升，看見光明的未來。

　　韓非子說道：「千里之堤潰於蟻穴」，許多事情要防患於未然，未雨綢繆，尤其餐旅業是一個人力密集的行業，需要許多人才能共同完成工作。如何才能建立周全的管理機制，做到滴水不露，這需要了解業界經常發生的問題。筆者根據多年實務經驗，並從幾位中外學者的論述中，歸納一些最常發生的員工偷竊情況，以做爲未來預防的參考。

一、外場人員的偷竊的方式

1.無點單出餐

　　一個管理鬆散的餐廳有可能發生無點單即出餐點的情況，一般來說內場廚房或吧台人員未看到點單，是不可以出餐或飲料的，這種情況有可能是彼此的信任或是一種默契造成的，但是不應該被允許。無點單出餐會讓該筆收入進到員工的口袋，或者是他們用來招待自己的朋友。

2. 多給餐點飲料

員工工作時當有朋友前來餐廳或酒吧消費時，最容易公器私用，慷公司之慨，雖然他們都有付帳，但是可能同樣的餐點飲品，卻給的量特別多。這也經常發生在熟客身上，服務人員為了得到較多的小費，在倒酒時會倒的特別多。

3. 少開帳單

這個情況多發生在朋友家人來消費時，可能是點了10樣餐點卻只算了8樣餐點的費用，讓飯店損失該有的收入。

4. 少找客人的錢

這種情況會發生在付現的客人身上，尤其是男性客人，服務人員會利用客人的粗心大意或是慷慨不察，在找給客人的錢上面動手腳，佔客人的便宜，尤其在酒吧客人微醺的情況下最容易發生。

5. 將公司的物品帶回家

有些員工會將屬於公司的物品帶回家裡，可能是消耗性備品，也可能是營業器具、餐廳菜餚餐點甚至是酒類物品。

6. 遺失客人的帳單

這種情況是已經結帳收到客人的付現，卻將帳單銷毀，說帳單遺失找不到，而將錢據為己有。

7. 退餐點

服務人員已經收到客人付款，卻說菜有問題或客人不喜歡，將某道菜退回，在收銀機上做退回動作，將多的錢收入自己口袋。

8. 偷吃

這是最經常發生的事情，可說每個地方都會有。

9. 發票作廢

負責收銀人員有可能利用結帳時，將某張發票作廢，聲稱是打錯了，而拿走多出的款項。

二、內場人員的偷竊方式

1. 與外場人員勾結

最嚴重的情況莫過於此，一個餐廳如果內場外場一起作弊，則可以想像很快就會出問題。內外聯手將更為方便上下其手，而且將不只以偷小小的金錢為滿足，勢必如燎原之火，一發不可收拾，飯店也將損失慘重。

2. 偷吃

與外場情況相同，但廚房卻更為方便。

3. 將公司的物品帶回家

有些員工會將屬於公司的物品帶回家裡，與外場人員不同是他們多半會拿菜餚食材，較少是酒類物品與營業器具。

三、預防措施

古人有言：「勿以善小而不為，勿以惡小而為之」，員工偷竊可能是小惡，但是聚少成多，積非成是，需有正確預防措施，以防患於未然。要預防以上述的偷竊情況，有以下之建議：

1. 採用POS銷售點管理系統，一律開立發票。
2. 建議客人盡量信用卡付帳。
3. 規範沒有點單不能出餐。
4. 使用神秘客制度。
5. 加強內部稽核，檢討不合理狀況。
6. 內外場需互相合作，也要相互監督。
7. 導入利潤中心制度，採紅利獎金措施。

名詞解釋

1. 標準服務流程SOP：將服務的每個環節如領檯、點餐等，其應該如何做的一連串動作，甚至說什麼話都予以規範，做成標準化的操作流程。SOP即是Standard Operation Procedure。

2. POS系統：即銷售點管理系統，POS即Point of Sales，它是收銀系統，但其功能愈趨豐富，現在都以觸控螢幕為主，菜單、成本、售價、促銷優惠折扣、連線刷卡……等皆可設定。

3. 掛單（Out of Stock）：即菜單上的餐點，因食材的欠缺或已經售完，而無法提供點餐謂之。

4. 代支代付（Pay Out）：假設某公司的主管參加餐會，其司機須於外面等待，公司主管便交代餐廳先代支一筆誤餐費給司機，請司機在外面自行用餐，這筆費用併入他的帳單中，即為代支代付。

5. 夜間稽核（Night Audit）：屬於大飯店會計部門收入稽核單位，主要工作是針對飯店各部門整天的營收做帳務上的稽核，由於工作時間是在大夜班，故稱之為夜間稽核。每天必須編製"夜間稽核報告"（Night Auditor Report）包括餐飲報告、總出納與客房）。**由於電腦資訊系統的功能日益進步，目前國內大部分飯店已取消夜間稽核，將工作併入櫃台出納完成。

6. 收入稽核（Income Audit）：其功能類似夜間稽核，但是更為細緻，主要工作是針對飯店的營收做帳務上的處理與稽核，從傳票分類帳到總帳之完成。

7. 加值型營業稅（Value-added Tax）：又稱為營業加值稅或簡稱加值稅，是就銷售貨物或勞務行為之賣價超過買價之加值的部份課稅。目前我國之加值型營業稅為營業額之5%。加值型營業稅採用稅額相減法計算應納稅額，營業人可統計每期開立統一發票之銷項稅額，減去該期取得進項憑證上所載進項稅額後，即可計算應納稅額。計算式：

銷項稅額－可扣抵之進項稅額＝應納稅額。

8. 韓非子：他是中國古代法家思想的代表人物，他認為人的本性是好逸惡勞，需要以法來約束，所以，管理上應當實行峻法，不講人情。

9. 孟子：他主張人性是善的，只說一切都從內心而來，人只要能端正內心，那麼一切事情都沒問題了。

國慶酒會的成本分析（Double Tenth Activity）

　　一如往年，今年JJ國際大飯店一樣承攬了外交部的雙十節國慶酒會，價格每人NT$580+10%，3500人，場地佈置費用另計，地點是在台北賓館。今年的主題為「台灣庶民美食文化」，需要代辦一些民俗技藝與美食攤位，費用每個攤位約3萬元。此外，菜單設計也將納入台灣各地美食。

　　經過一番聯繫與安排，代辦民俗攤位計有：九連環、捏麵人、畫糖、草編、糖葫蘆、原住民編織、陶笛、狀元糕、中國結、龍鬚糖、書法、陶藝手拉坯、臉譜……等。小吃攤位原本計畫要找外面的攤販前來提供，但是為了食品安全與形象考量，後來決定由飯店自行處理提供，只是可以租用所需設備。共計安排了：擔仔麵、蚵仔煎、大腸包小腸、潤餅、豆花、客家麻糬、石板山豬肉、烤鴨、牛肉麵……等小吃攤位。

　　國慶酒會是屬於超大型外燴，動員的人力物力非常龐大，由於所需的設備與器皿極多，又必須維持國宴的水準，因此其他飯店多無法承擔。這是JJ大飯店餐飲部門的年度盛事，宴會部負責菜單的洽談與服務、制服的租借，提到制服，這回外交部希望能展現台灣

的風味。之前Alex 是在廚房工作，現在角色不同，他已經負責成本控制室了，所以餐飲部協理及財務長，都要求他算出這次國慶酒會的成本！

　　這是一件相當困難的事情，就像要計算自助餐的成本一樣，似乎只能計算實際成本了。此外，國慶酒會菜單，中西式廚房各有分工，其他廚房也有分配到一部份餐點，屆時收入必須要拆帳處理。Alex於是要求各廚房在叫貨與領貨時，必須註明「國慶酒會專用」的字樣，以方便後續成本的計算與處理。

　　台北賓館位於新公園（後來改名228和平紀念公園）對面，是一座日據時代的西洋式建築，仿巴洛克風格，裡面有歐式庭園造景，相當雅致。令Alex印象最深的場景，就是國慶日當天晚上施放煙火時，站在台北賓館的庭園內，煙火就像巨大的布景，襯托著這個歐式庭園，美極了！

　　單次活動的成本計算果真不容易，因為廚房本身就很難單獨切割進貨與領貨，且進來的材料很容易混用，最後只能以手上能單獨分別出來的單據，再加上預估值來計算出成本金額。另外在收入的部分，以菜單比例原則予以分配給中廚與西廚，今年由於主題的關係，中廚負責一半多的餐點（比往年高出許多），分配55%的收入，西廚分配45%的收入，其它廚房因為備料較少，便以內部成本轉帳的方式做調帳處理。然而在成本處理與收入分配的過程中，中西廚房的主廚都有許多意見，認為成本的計算有問題，不應該這麼低，收入的分配比例太少，會造成成本的提高，甚至要求做一些成本的轉置，改成費用。

　　這似乎是對Alex的考試，他將所有的進領貨單據，與各廚房這次所有提供的餐點數量做出整理，經過一番討論協調，後來他要求兩位主廚將這次菜單的所有餐點，做出完整的標準配方表，以便進

行標準成本計算。而最後這件事兩位主廚都同意Alex的收入分配與成本調帳，……這也是一番有趣的過程！

學習評量

1.各營業據點的銷售資料來源為何？

2.請說明餐廳的損益計算公式為何？

3.請說明POS系統及其功能。

4.營收日報表應呈現那些資訊？

5.試說明標準服務流程SOP的意義？

6.試為翡冷翠餐廳製作一份標準服務流程SOP。

7.什麼是代支代付？

8.請問如何防止外場人員在收入上作弊？

第八章
生產與成本控制

第一節　廚房作業流程

一、叫貨

　　大飯店內每個餐廳各有其獨特的菜單，廚房內場就是負責提供菜單上的美味佳餚，根據主廚所制訂的標準配方表與標準菜餚成本單來生產製作。當然在生產之前廚房必須要先備料，備料大致有二種方式，一種是直接叫貨進貨，另一種是向倉庫領貨。哪些食材應該列為直接進貨？哪些食材又該放進倉庫呢？必須視實務操作上的需要而定。通常飯店的採購部門會與主廚討論食材的歸類，決定直接進貨的食材品項與入倉庫存的品項。一般來說，生鮮類的海鮮、肉品、蔬果、蛋奶製品適合直接進貨，不需要經過倉庫，其他類品則會進入倉庫儲存管理。

　　叫貨是廚房重要的例行工作，這工作大部分是由各廚房的領班負責的，在前一章有提過，叫貨時間一般都是在下午2點半之前完成，因此都是由早班的人負責。如果晚班有需求，可以留條子給早班的同仁，這樣早班在叫貨時可以一併考量。廚房叫貨單（市場叫貨清單）請詳表8-1，它是一張大型表格，內容多為經常使用的生鮮貨品，這部分屬於「直接進貨」，不入倉庫。

　　叫貨要考量市場休市的日期及例假日，當然也要考量到生意量，目前台灣的市場公休日是每星期一，同時也要考慮到辦公室上班時間，所以可能的情況是，每星期二、三、四時叫隔天的貨，星期五要叫六、日與星期一，一共三天的貨，如此一來，供應商就必須於星期六一次送三天的貨，周日與周一休息了。

　　當各廚房將所需品項寫好之後，廚房叫貨單必須送給行政主廚簽名，因為行政主廚掌管整個內場廚房，負責餐飲成本的重責大任。等主廚簽名後，市場叫貨清單就可以送給採購部門，向供應商下單進貨

了。

請詳表8-1市場叫貨清單格式範例樣本：

表8-1　*jj* 國際大飯店　市場叫貨清單

編碼	品項	單位	冷廚	主廚房	咖啡廳	翡冷翠	紅樓	廚房一	廚房二	倉庫
	海鮮類									
1010001	King Prawn, Fresh 明蝦	kg								
1010002	Garoupa Frozen 冷凍七星斑	kg								
1010003	Garoupa Live 活七星斑	kg								
1010004	Small Abalone 九孔	kg								
1010005	Sea Slug 婆參	kg								
1010006	Cuttle Fish ~ L 花枝（大）	kg								
	……									
	蔬菜類									
1020001	Heart of Mustard Peeled 芥菜頭	kg								
1020002	Golden Mushroom 金菇	kg								
1020003	Cabbage Chinese 山東白菜	kg								
1020004	Asparagus 蘆筍	kg								
1020005	Sugar Pea Shoot 大豆苗	kg								
1020006	Onion Chinese 青蔥	kg								
1020007	Mushroom Chinese 草菇	kg								
1020008	Mushroom French 洋菇	kg								
	……									
	水果類									
1030001	Watermelon 西瓜	kg								
1030002	Haney Melon 蜜世界	kg								
1030003	Honey Dew 哈蜜瓜	kg								
1030004	Pineapple 鳳梨	kg								
1030005	U.S. Orange 柳丁（進口）	kg								
	……									

編碼	品項	單位	冷廚	主廚房	咖啡廳	翡冷翠	紅樓	廚房一	廚房二	倉庫
	豬肉品									
1040001	Pork Rib 小排	kg								
1040002	Pork Neck 梅頭肉	kg								
1040003	Pork Minced Meat 絞肉	kg								
1040004	Pork Belly w/Skin帶皮五花肉	kg								
1040005	Pork meat Julienne 肉絲	kg								
1040006	Pork Lion Bone in 大排	kg								

二、進貨與領貨

當叫貨已經完成，在隔天所訂購之貨品便會進廚房來，這是直接進貨的部分，也是屬於直接食物成本，此部分大多是生鮮貨品，應該盡快用完。另外還有部分需要從倉庫再領出來，這部分多為乾貨、罐頭、米糧、調味料……等適合久存的貨品。但是有許多大飯店將冷凍類的食品以及進口肉品、肉製品與蔬果進入倉庫做管理。所以廚房也必須根據自身庫存與需求，開單領貨，這是屬於間接進貨的食物成本。

直接成本與間接成本兩者加在一起，即是本期所進的所有餐飲材料成本，在成本計算公式中稱之為「本期進貨」。茲以「實際成本」的會計公式說明如下：

實際成本 ＝ 期初存貨 ＋ 本期進貨 － 期末存貨

本期進貨 ＝ 直接進貨 ＋ 間接進貨（倉庫領貨）

期初存貨為上一期之「期末存貨」。因此，本期之「期末存貨」為下一期之「期初存貨」。

「期末存貨」為倉庫與各生產單位（廚房）之期末存貨量之數字。

三、接單生產

1.餐廳廚房

廚房的工作在餐廳開門之前，必須根據菜單做好充分的備料，當餐廳開始營業時，外場服務人員幫顧客點餐之後，點菜單（Captain Order）即進入廚房與吧台準備出餐。廚房的工作區塊是由主廚設計分配，不同餐廳的廚房有不同的區分，視其餐點特性與需求而定。每個區塊的廚房人員根據點單內容，製作餐點，再由傳菜員遞送到顧客面前。若是使用POS系統，則外場點好餐之後，會先輸入POS機，廚房之印表機會列印出點單，並且還可以切割成不同之廚房單位區塊，例如冷廚房、麵食區、燒烤區、蒸籠區、熱廚房、點心房、吧檯……等，廚房單位根據點單製作餐點，傳菜員再將餐點遞送到顧客桌上。外場服務人員的工作，就是協助顧客順利享用餐點，提供各種最優質的服務，等顧客會帳離開之後，就算完成整個餐飲生產服務流程。

2.宴會廳廚房

宴會廳是國際大飯店餐飲部門中最大的部門單位，肩負著最大的營收業績責任，宴會廳一般設有業務部或訂席組，專門負責業務接單的工作。當顧客前來洽談訂席事宜時，業務訂席人員接待介紹場地，詢問顧客需求、活動日期、經費預算、預定人數、提供菜單、討論場地佈置與相關細節，經過不斷溝通與聯繫，最後完成簽訂餐飲訂席合約，並收取一定金額之訂金。

宴會活動不同於餐廳的餐會，它需要一個獨立的場地，特定的時間，可能有特別的主題儀式，眾多的賓客，中式或西式豐盛的宴席。越是盛大重要的宴會，主辦人員會越早來洽談場地，甚至有些單位，一年以前就來洽談並預定。

習慣上業務部在宴席活動前一周，會再重複確認相關細節以及保證人數，之後就發出「宴會訂席單」（FUNCTION ORDER）給各相關部門，各部門再依據訂單內容提供所需要東西。茲以中西式各一份「宴會訂席單」來說明：

表8-2訂單編號1050609，是一份中式喜宴的訂單，菜單內容為每桌20,800元的中式菜餚，中廚房在接獲訂單後即開始叫貨備貨，以便屆時可以提供美味佳餚。其他飲料酒水的部分，飲料免費提供，酒自備，每桌收300元開瓶費，舞台講台停車券等，這部分由宴會部服務人員負責，影音AV設備由工程部門負責，若有鮮花則由飯店的花店負責。等宴席結束顧客滿意的付帳之後，這筆收入就是屬於中廚的收入了，但是要考量到收入分配的問題。

另表8-3訂單編號1050721，是西式自助餐會的活動訂單，菜單內容為每人950元的西式餐點，西廚房在接獲訂單後即展開備貨，到時就可以提供大飯店標準的自助餐了。其他飲料酒水的部分已含在餐費內，但是另外設有一個Open Bar，費用以實際消費結帳，此由宴會部外場服務人員負責。待餐會結束顧客簽帳之後，這筆收入就是屬於西廚的收入了。

四、廚房內部轉帳

國際大飯店之餐飲部門組織龐大，各餐廳間內場外場相互的支援，自然有其必要，例如點心房、肉房、冷廚、熱廚，他們所做的餐點是供應給所有餐廳。這時前面所說的「標準成本」之制定，就顯出它重要的功能了，因為若沒有確定好標準成本，則無法做成本的轉帳。以第六章所提之試菜為範例，表8-4部門轉帳單，轉帳單裡面敘述試菜活動與目的，附上新的菜單之所有標準菜餚成本單（Standard Food Items Cost）以為附件，成控室即可根據此轉帳單，將製做這些菜餚餐點之廚房之成本減除，轉成餐飲部門之費用。

表8-2　**Jj** 國際大飯店

宴會訂席單 FUNCTION ORDER

訂席單位：王大偉 & 李小美 結婚喜宴			訂單號碼：1050609	
宴會日期：2016年6月9日　星期：三				
聯絡人：王大偉　電話：2782-3518		傳真：2782-3518		訂席員：EVA
時間	用餐形態	桌（人）數	訂金	宴會廳名稱
12:00	中式喜宴	50桌（含 素食1T）	50,000	國宴廳

付款方式：付現 / 刷卡 / 簽帳	菜　單
其他要求：	迎賓乳豬大拼盤
	花好月圓喜眉梢
	龍蝦烏魚雙喜拼
	原盅鮑翅雞絲羹（位上）
會場佈置：	雞汁鮮蒸猛石斑
	茴香牛排山藥捲
	翡翠蒜蒸鮮明蝦
	干貝三絲扒時蔬
	豐料青蟹糯米飯
設備要求： □ 投影設備＿＿＿ □ 影片製作＿＿＿ □ 卡拉OK$＿＿＿ □ 講台＿＿＿個 □ 舞台＿＿＿片 □ 音控指導配合$＿＿＿ □ 麥克風＿＿＿支 □ 停車券提供＿＿＿張，另代購 □ 每張（小時）40元	淮杞紅棗燉烏雞
	飄香美點雙輝映
	寶島四季鮮水果
	NT$20,800+10%/桌

飲料：果汁無限暢飲每桌＿＿＿＿＿元
開瓶費＿＿＿＿元、酒類＿＿＿＿元

中廚房	西廚房	點心房	吧檯	宴會部
工程部	美工部	會計部	餐飲部	餐務部

表8-3　**jj** 國際大飯店

宴會訂席單 FUNCTION ORDER

訂席單位：麗池有限公司週年餐會	訂單號號：1050721

宴會日期：2016 年 7 月 21 日　星期：三		

聯絡人：王大偉　電話：2782-3518	傳真：2782-3518	訂席員：EVA

時間	用餐形態	桌（人）數	訂金	宴會廳名稱
18:00	W.Buffet	350 人	35000	國宴廳

付款方式：付現／刷卡／簽帳	Western Buffet Menu

其他要求：
· 代辦冰雕

會場佈置：
· 週年慶背板如說明

設備要求：
　投影設備＿＿＿
□ 影片製作＿＿＿
□ 卡拉 O$K＿＿＿
□ 講台＿＿個
□ 舞台＿＿片
□ 音控指導配合 $＿＿＿
□ 麥克風＿＿支
□ 停車券提供＿＿張，另代購
□ 每張（小時）40 元

Western Buffet Menu

1. 冷盤：
(1) 鮑魚酒醋什錦海鮮
(2) 挪威煙燻鮭魚
(3) 陳醋汁扇貝
(4) 法式酥皮肉派
2. 熱食：
(1) 培根菲力牛排
(2) 奶油香煎鮭魚
(3) 義式焗烤烤生蠔
(4) 百里香嫩羊腱
(5) 米蘭豬排鵝干醬
(6) 奶油雞柳焗洋芋
(7) 冬菇干貝燴花椰
(8) 夏威夷茄汁炒飯
(9) 總匯義大利麵
(10) 奶油蘑菇濃湯

1. 有機生菜沙拉吧：
2. 甜點：
(1) 藍梅慕斯蛋糕
(2) 核桃塔
(3) 起士蛋糕
(4) 提拉米蘇
3. 飲料：
(1) 水果雞尾酒
(2) 柳橙汁
(3) 咖啡、紅茶
4. 季節水果盤：
(1) 西瓜·蜜世界
(2) 火龍果·芭樂
(3) 柳丁·鳳梨

每人NT$950+10%

飲料：果汁無限暢飲每桌＿＿＿＿元
　　　開瓶費＿＿＿＿元
　　　酒類＿＿＿＿元

中廚房	西廚房	點心房	吧檯	宴會部
工程部	美工部	會計部	餐飲部	餐務部

另外，宴會部提供各種形式的餐會，也提供各式各樣的餐飲服務，有中式餐飲，也有西式餐飲，宴會部門會出「宴會訂席單」（Function Order Form）給各相關單位，廚房接獲宴會訂席單，就必須根據工作之指示預備餐點。訂席單所訂之餐會形式若是中式餐會，則收入為中廚之收入，若為西式餐會則為西廚之收入。但也有可能是中西式混合餐會，這種情況就必須在宴會訂席單做出收入歸屬的說明。

例如某一個宴會為中西式自助餐，宴會訂席單上清楚說明中餐的菜餚佔60%，西餐則佔40%，如此在收入報表上，就可以將收入直接分配歸屬。但也有情況是宴會為中餐宴席，但是顧客要求最後一道甜點要「起士蛋糕」，「起士蛋糕」是西廚房之點心房所出，這時因為收入屬於中廚，所以中廚需要開出「部門轉帳單」，向西廚點心房轉所需的蛋糕。點心房收到轉帳單後，就必須在適當的時間準備好中廚需要的糕點，準時提供給中廚，事後將這張部門轉帳單，連同宴會訂席單一起送給成控室，成控室於是根據「起士蛋糕」之成本，乘以所出之數量，計算出正確金額做內部成本移轉。以表8-4為例，西廚之成本減少7,000元，中廚之成本增加7,000元。

範例　　　　　　　　　　　　　　　　　　　　　　　　成-25

表8-4　*jj* 國際大飯店

部門轉帳單
DEPARTMENTAL TRANSFER FORM

轉出單位：　點心房
轉入單位：　中廚房
轉帳原因：　中式宴席客人特殊需求
☑食品　　　□ 飲料　　　日期：

品項描述	編號	數量	單位	單價	合計
起士蛋糕（9吋 " 切 12 片）	xxx	400	片	17.5	7,000

品項描述	編號	數量	單位	單價	合計
合　計					7,000

轉出單位主管：王X名　　　　　　　　　轉入單位主管：張X成

五、報廢報告格式

　　廚房或酒吧在生產流程中有可能會因為某些因素，造成產品不良或者因為冰箱臨時故障，甚至可能是顧客的抱怨，必須更換菜餚或重新製作，這些都是成本的負擔，但是因為沒有收入卻有成本支出，這種情況可以使用一種表格來做成本的重新處理，那就是「食品報廢表」。

　　例如某日義式餐廳的廚房之冰箱，因為前一天晚上壓縮機故障，導致隔天廚師上班時發現冰箱裡面有許多食物已經不新鮮了，這些要丟棄的材料有其成本，所以要做報廢處理，於是義式餐廳的主廚就開了一張「食品報廢單」，裡面詳細記錄了已經不堪使用的食材，重量等，並請成控室主管前來檢視，確認事實，可以照相記錄，並將食品報廢單帶回做成本的調整。當然，主廚也需要第一時間通知餐飲部協理、工程部主管，並填寫報修單，送請工程部儘速派員處理。

　　請詳表8-5食品與飲料報廢表（成-32）。

表8-5 jj 國際大飯店　　　　　　　　　　　　　　　　成-32

食品與飲料報廢表

餐廳 / 酒吧：＿＿＿＿＿＿＿＿＿＿＿　　日期：＿＿＿＿＿＿＿＿＿＿＿

編號	品項	報廢原因	單價	售價	備註

主管簽名：＿＿＿＿＿＿＿＿＿　　成本控制室主任：＿＿＿＿＿＿＿＿＿

第二節　生產管理的漏洞

一、技術、創意、標準

　　廚房是生產的重心，除了飲料外，所有的餐廳產品都必須由廚房供應，廚房就像一個工廠，原物料進入工廠，經由機器或人工製作後，便產出產品。當然，廚藝是一種技術，現在更重視創新與創意，這取決於廚師個人的技藝，有時難以標準化或量化。但是，當我們把時間的視野往回推一百年，會發現，現在我們所熟悉的標準食譜配方，其實都是前人的創意作品。因此，即使是創新料理都可以被標準化，除非是廚師個人的創意料理，不想被定型，每次都做出新的變化。

此外，尚有一個傳統廚師的不傳之祕，就是「留一手」，總是怕被超越，不願自己多年的經驗與創意公諸於世。有許多食譜配方並不夠詳盡，學習者不能做出一模一樣的東西，這中間留著一道鴻溝。可喜的是近年來西式餐飲大量進入，餐飲專業技職院校廣設，帶動整個餐飲服務、廚藝學習的新風貌，以往這些密而不宣、傳而不實的弊病已逐漸消失了。

主廚是廚房的靈魂人物，他管理廚房的人事，制定各種標準，開發新菜色，簽核進領貨單據、維護餐點菜餚的品質，還有最重要的「成本控制」，因此，他必須與成控室密切合作。當食材進入廚房的那一刻開始，便已經是「成本」了。食材經過製備過程，才能成為產品，再由服務人員送到顧客面前，顧客享用之後因為滿意而付帳，這才有了收入。所以在食材變成收入之前，這整個過程，都需要主廚用心管理，才能做到。這裡我們要談談有哪些環節最容易出現問題。

二、進貨環節

廚房進貨有直接進貨與倉庫領貨兩部分，直接進貨多為生鮮品項，不進倉庫，這部分有鮮度與溫度上的考量，貨品收到後需馬上處理，冷凍類要盡快放入冷凍冰箱，冷藏類需進冰箱。需要前處理的貨品如蔬菜類，要清洗裁切加工等工序，應在適當時間進行。在早期由供應商直接送貨進廚房，收貨人員有時並未確實清點，即使貨品有短少也不知道。甚至有廚房人員對貨品有意見，刁難拒收，甚或要求提供香菸等贈品情事發生。反之亦有可能雙方勾結，以少報多，以次級品替代等，這些都可能造成成本上的不良影響。相同的，從倉庫領貨亦有可能發生不小心弄錯數量或少拿貨等人為疏失，更有甚者，不肖員工作假情事發生，這些人為弊端便會造成成本控制上的漏洞。

三、製備與烹調過程

　　廚房分工頗細，廚師階級亦不同，每個廚師或助手負責的工作不同，大飯店的廚房是一個工作與學習的場所，尤其現在與技職院校的建教合作，與外場一樣，廚房內也有許多實習生。在實際製備與烹調過程中，頗有實習練習的意味，食材的消耗會比專業廚師更多，相對的浪費亦多。此外，若主廚不要求善用食材，將切剩的頭尾及其他部分做有效利用，會造成廚師們浪費的習慣，這也是成本升高的原因之一。

　　最好的做法就是主廚領班身體力行，以為表率，並且灌輸所有廚師成本意識與節省的觀念，時常向成控室要成本週報，並於開會時做成本方面的檢討，如此一來，因為主廚的重視，必然使得所有廚房人員一樣重視，成本控制的效果才會出現！

四、生產與銷售服務環節

　　廚房辛苦的準備了美味佳餚，必須透過外場人員優質的服務，才能呈現給顧客享用。這是一個雙向連結，餐廳像是一個舞台，服務人員是表演者，但卻是空手的表演者，他們必須透過廚房精心製作的美味佳餚，才能做出完美的演出。因此，廚師們是隱藏在舞台後的表演者，而他們的作品才是舞台上的主角，內外場無間的合作，才能讓顧客由衷的發出「Bravo！」、「Encore！」之讚美！

　　然而在人性貪婪的陰暗角落，人往往抵擋不住誘惑，會運用種種手法將不屬於自己的金錢放進口袋，尤其在一個帳務管理系統不夠完備的餐廳，服務與出納人員，更容易上下其手。目前飯店餐飲部門都是採用POS系統並開立統一發票，已能夠避免傳統的不肖手法，但也要注意到無單出菜的情況發生。

第三節　廚房成本記錄表

一、廚房成本之記錄

在廚房生產過程當中，每天的進貨領貨，不斷累積成本，同時也不斷創造營收，主廚需要時時注意目前的食物成本，以免到了月底發現成本太高時，想要控制就已經太慢，所以成本控制室，需要常常提供目前食品成本率，給餐飲部協理與主廚們做參考，最好一周能提供一次到二次。

隨著日子的過去，成本數字慢慢累積，如何將這些數字，轉化成有用的參考數值，這需要一個完整的紀錄表。尤其廚房內場組織龐大，相互往來之成本也要調整過，才能呈現其正確性。

茲以表8-6廚房成本記錄表（成-31）說明之：

表8-6　**jj** 國際大飯店　成-31

XXXX廚房成本紀錄表

年：＿＿＿＿＿＿＿＿＿＿　　月份：＿＿＿＿＿

日期	直接進貨	倉庫領貨	飲料領貨	內部轉帳	成本小計	相關減項	主管員工用餐	公關招待	淨成本		銷售額		成本率％	
									本日	月累積	本日	月累積	本日	月累積
1														
2														
3														
4														
5														
6														

日期	直接進貨	倉庫領貨	飲料領貨	內部轉帳	成本小計	相關減項	主管員工用餐	公關招待	淨成本		銷售額		成本率 %	
									本日	月累積	本日	月累積	本日	月累積
7														
↓														
25														
26														
27														
28														
29														
30														
31														
T														

廚房成本記錄表以廚房為單位，每一個廚房設立一個廚房成本記錄表。欄位說明如下：

1. **直接進貨**：為前一天所叫之生鮮貨品，本日送來經過驗收後，送到廚房簽收，是為直接成本。

2. **倉庫領貨**：為廚房開單向食品倉庫所領的貨品，是為間接成本。

3. **飲料領貨**：為廚房開單向飲料倉庫所領的飲料類貨品，多為做菜用之酒類。

4. **內部轉帳**：向其他廚房轉入的餐點或材料，金額以正數表列，

若為本廚房轉出給其他廚房的餐點或材料，金額以負數表列。

5. 成本小計：以公式處理，前面四欄加總即可。

6. 相關減項：為廚房有出貨但無收入的情況，所做的一種調帳，例如：飯店舉行招待餐會、員工晚會等，飯店有一個專有名詞，英文是party at cost，即是以成本入帳轉作費用的意思。

7. 主管員工用餐：主管有權利在餐廳用餐，除了有時工作時間較晚，錯過員工餐用餐時間外，也是一種對餐廳的瞭解與試菜。員工招待親朋好友在餐廳用餐則享有折扣，這部分折扣需予扣除。

8. 公關招待：飯店在許多時候因為公關的需要，會招待一些貴賓與媒體，或是前來訂席的顧客或是大客戶的聯絡人，該支出須以成本入帳。

9. 淨成本：分為本日與月累積，本日是第5欄減6、7、8三欄的金額，月累積則是每天的累加。

10. 銷售額：從餐廳每日出納報表而來，月累積則是每天的加總。

11. 成本率：本日成本率為：本日淨成本/本日銷售額。月累積則為：月累積淨成本/月累積銷售額。

廚房成本記錄表需要逐日記錄，因此，可以2～3天即可提供成本數據給餐飲部辦公室與各餐廳廚房參考，有效的控制食物成本。

第四節　餐飲活動

飯店的餐飲部門為了創造飯店形象，吸引顧客，經常會舉辦各式各樣的美食節活動，有時會邀請連鎖體系內其他國家的飯店廚師，來做短期的活動。例如西班牙週、法國週、泰國週、日本週……等，有時甚至會邀請米其林三星主廚前來獻藝。舉辦這樣的活動並不一定會賺錢，有些時候是會虧損的，但是飯店間彼此的交流激盪，卻是無價的。

舉辦美食節活動，除了邀請廚師之外，有時也一起邀請傳統舞者或手工藝大師前來表演，此外，也需要準備當地特有的食材與道具，如此方能完美的呈現當地美食。因而在籌備活動時便要討論好相關細節，諸如多少位工作人員、停留幾天、提供幾個房間、酬勞、帶進多少貨品……等等，因為這些都將成為美食節活動的成本與費用，需要記錄清楚。帶進的食材以特別請購單處理，並完成驗收流程，以直接進貨方式進到承辦美食節的餐廳廚房。

　　要分析整個活動的盈虧，收入部分較為簡單，可以這活動期間的總收入，減掉沒舉辦活動時的平均收入即可。但是成本部份則較為麻煩，若採用專案處理方式，則活動期間所有進貨領貨，都要標明為「某某美食節專用」字樣，活動前先行做一次盤點，結束後再做一次盤點，如此可以計算出這段期間的預估成本。若是無法採用專案方式處理，則僅能以當月份之實際成本為基礎，做加成的預估了。至於活動的成效與損益，成控室算出成本後，則需由會計室做後續的薪資與相關費用的分析，才能計算出接近真實的盈虧。

第五節　烹調測試

一、針對某些有疑問的食材進行烹調測試

　　一般食材並不需要進行這樣的測試，只有對於較有問題的食材，而且其使用數量大價格高的品項，才需要做此測試。它有別於產出率測試，它不單只是計算某項貨品的出成比率與實際成本，它尚包括烹調之後的品質與口感，這部分需要由多人以實際試吃的方式，才能得到結果，至於試吃的結果是不是做為評選的原則，需要由主管做出決定。因為測試的結果，有可能它的實際成本較低但是品質口感評價較差，或者中等，如果成本低評價高當然是首選不會有爭議。可是如果

評價第一，但是成本卻比較高時，要如何決定呢？這就要經過一番討論了！

　　哪些食材品項較需要做烹調測試呢？

　　通常乾貨類及冷凍類的品項比較有需要，諸如：花菇、刺參、魚翅、鮑魚、花膠、干貝、冷凍草蝦、冷凍蝦仁、大明蝦……等。

　　表8-7為簡易式廚房烹調測試表，可做為測試的格式，其做法可以類似葡萄酒之盲飲測試，將樣品以編號區分，事先並不知道供應商，直等到結果出來後，才將供應商公布，以便於評選。參與測試的人員最好以相關部門的幹部與員工，參與者以客人的角度，以客觀的態度來打分數。成控室主管將所有分數彙整之後，做成結果總表，等餐飲部協理與主廚評選決定後，即發出廚房測試結果備忘錄給各部門，通知未來將採購哪一家的貨品。

表8-7　jj 國際大飯店　　　　　　　　　　　　　　　　　　成-27

廚房烹調測試表
Kitchen Cooking Test Form

品名：＿＿＿＿＿＿＿＿＿＿　　規格：＿＿＿＿＿＿＿＿＿＿
日期：＿＿＿＿＿＿＿＿＿＿

產品編號	進貨價格	產出率(%)	實際單價	烹調後評價(1-10分)		備註(供應商)

參與測試人員：

二、肉品切割與烹調測試

　　牛排館為牛排之專賣店,提供各式各樣之高級牛排,可以提供現場鮮切之牛排,也可以是整條的烤肋排。牛肉之部位不同,其牛排之名稱也不同,如:牛小排、莎朗、菲力、肋眼、板腱……等。牛排之出產國有美國、加拿大、日本、澳洲、紐西蘭……等,其中以美國牛肉因有加穀類飼養,所以品質優良比較受世界各國歡迎。美國農業部將牛肉等級共區分成八種,即最佳級(U.S. Prime),特選級(U.S. Choice),可選級(U.S. Select),合格級(U.S. Standard),商用級(U.S. Commercial),可用級(U.S. Utility),切塊級(U.S. Cutter)及製罐級(U.S. Canner)等,每一種價格因其熟成方式不同而不一樣。

　　專業的牛排館,相當注重牛肉之熟成方式,為了提供最佳品質之牛排,最好採用乾式熟成法,飯店會進口最佳級(Prime)大塊牛排部位,放在餐廳內設置的乾式熟成冰箱,繼續熟成,使用時才切割處理。然而大塊牛排在切割處理時,會有一些廢棄品及可做成不同牛排用途的肉品,這時就必須做肉品切割與烹調測試,重新計算其單價與單份之成本。肉品切割與烹調測試表,是為了這目的而設計的,經過完整的切割與計算過程,詳細紀錄與計算每一個部位重量與份數,才能得到每一種牛排的正確標準成本。茲以JJ國際大飯店為例,請詳範例表8-8,肉品切割與烹調測試表(成-28)。

表8-8　　**jj** 國際大飯店

肉品切割與烹調測試表

品項　上腰部牛排肉　　　　　數量　1　　　　　　重量　12kg

單價　500元　　　　　　　　總計　6,000　　　　　等級　Prime

供應商　XXXXXX　　　　　　　　　　　　　　　　日期：2012/6/9

品項	重量	比率 %	成本	
			單價	總計
生肉處理：				
原始生肉重量	12	100	500	6,000
去除骨頭、脂肪、廢棄品	2	17		
消耗蒸發	1	17		
可售淨重	9	67	750	6,000
細部分類切割：				
例：丁骨牛排	2	22.2	550	1,100
紐約客牛排	6	66.7	750	4,500
漢堡牛排	1	11.1	400	400
總可用生肉品	9	67	600	6,000
烹調測試：				
可售生肉淨重				
損耗				
可售烹調後淨重				
細部切割				
烹調後損失				
Total：合計				

生肉與烹調後單位成本及單位成本比率

菜名	單份重量	單份數量	單份成本	總計	成本係數
丁骨牛排	400g	5	240	1,100	0.43
紐約客牛排	350g	14	314	4,500	0.42
漢堡牛排	200	5	80	400	0.20

品項	重量	比率%	成本	
			單價	總計
合計			6,000	

名詞解釋

1. 直接進貨（Direct Purchase）：是屬於直接食物成本，此部分大多是生鮮貨品，應該盡快用完。

2. 實際成本（Actual Cost）：是餐飲營運的最終真實成本，計算方式為：期初存貨＋本其進貨-期末存貨。

3. 期初存貨（Beginning Inventory）：本期的期初存貨為上個月底的期末存貨。

4. 本期進貨（Total Purchased）：是本月份所有的「直接進貨」加上「間接進貨」（倉庫領貨）。

5. 期末存貨（Closing Inventory）：是本月底倉庫所做的存貨盤點之總額，本期之期末存貨將成為下月之期初存貨。

6. 點單（Captain Order）：即點菜單，當客人看過菜單，服務人員利用點菜單將客人所點的餐點記錄在上面，再將附聯送給廚房與吧台做為出餐用。

7. 保證人數（Guaranty）：宴會廳接受團體訂餐時，有保證人數的規定，這與場地大小有關，也與備餐有關，一般主辦單位需於一周前做最低人數的確認，若不達保證人數，有相關規定。

8. Open Bar：即「開放式酒吧」，多為酒會使用，依主辦單位要求提供各式烈酒、調酒與各種飲料，費用可依使用量計費，也可依指定種類數量，限量提供。

9. 開瓶費（Corkage）：此項收入為其他收入，指客人自帶酒類，餐廳為其提供酒器與冰塊，並為其開瓶，所收支費用，可以桌計費，也可以瓶計費，依飯店規定。

10. 熟成（Aging）：可分為乾式與濕式熟成法兩種，乾式熟成法（Dry Aging）：是指將牛屠體或大分切牛肉放置於恆溫、恆濕控制的冷藏熟成室中，利用牛肉本身的天然酵素及外在的微生物作用，來增加牛肉的嫩度、風味、和多汁性，讓牛肉呈現出最完美的味道。一般而言冷藏熟成室的溫度約在攝氏零度左右，濕度約控制在50%~85%之間，熟成所需的時間則介於20天至45天之間不等。「濕式熟成-Wet Aging」則是指牛肉藉由冷藏運銷的同時，在真空袋內利用牛肉本身的天然酵素進行熟成作用，以增添牛肉風味的過程。

A-story

魚翅風波-廚房烹調測試（Butcher & Cooking Test）

上個月，中餐主廚黃師傅向他抱怨，菇類罐頭太貴，廚房的師傅指出像草菇及猴頭菇罐頭，飯店進價約50元及60元，但是自己到迪化街買，一罐才要38及46元。Alex後來自己到迪化街及大賣場，買了不同品牌的菇類罐頭，邀請黃師傅及採購部江'R一起做測試，經過一番比較，同號罐頭內容物（固形物）大致差不多，價格卻有差異，但是在品質及口感方面，卻是飯店採購的較佳。於是大家就討論應該採用哪一種品牌較好？品質較佳的價格貴，次級品當然便宜些！菇類罐頭主要為素食桌使用，Alex找出近半年的使用量，其實數量並不多，對中廚的成本影響有限，在這種情況下，就請黃師傅自己決定要使用哪一個品牌，畢竟廚房成本是他要負責的。最

後，黃師傅決定繼續使用原廠牌的罐頭，但也請採購江'R向廠商要求降價，而廠商也從原來的價格各降5元。

最近黃師傅反映魚翅的價格不斷上漲，而品質卻是下滑的，尤其「臭肉」太多，他也向餐飲部協理拋出同樣問題。魚翅是中式高檔宴席的菜色之一，尤其喜宴筵席幾乎都有這道料理，每個月的使用量極大。JJ大飯店是採用乾貨魚翅，其部位為背鰭翅（金山鉤，做排翅用），處理手續上較為繁瑣，需先將薄邊稍微修剪，後放入冷水中浸泡，等魚翅回軟，再放入沸水中煮1～2小時，熄火用開水餘溫燜，刮除沙粒，將翅根切去部份（俗稱臭肉），流水一天等異味盡去，再將魚翅分別裝入竹箕內，放入鍋內用老母雞及火腿等佐料煨5～6小時。現在也有供應廠商提供所謂「水發魚翅」，即是已經發好的魚翅，但尚未煨過，使用上甚為方便。

針對魚翅問題，他與小江已討論過數回，於是這次他決定要辦理較為周延的「廚房烹調測試」（Butcher & Cooking Test），而非較單純的「產出率測試」（Yield Test）。做法為，「乾貨魚翅」與「水發魚翅」各找三家供應商的產品，各買一公斤，乾貨編號1、2、3，水發編號4、5、6。然後分別依照相同的做法處理，每一個過程都做出完整的質量記錄，最後再做出同一道料理。他並且在最後烹調階段，邀請部門主管一同品嘗菜餚，再予以評分。

經過一連串的測試，「乾貨魚翅」與「水發魚翅」的EP實際價格及品嘗結果，都以第2號為最佳，因此，決定以後就採購2號廠商的乾貨魚翅。

學習評量

1. 請說明廚房作業流程為何？
2. 請說明「實際成本」的會計公式。

3.何謂廚房內部轉帳？請舉例說明。

4.為何國際大飯店經常會舉辦各式各樣的美食節活動？

5.承上題，舉辦國外美食節活動需要注意哪些問題？

6.請問生產單位食品成本偏高的原因有哪些？

7.廚房進貨的環節須注意哪些問題？

第九章

第九章

飲料管理作業

第一節　飲務管理

一、飲料的特性

　　國際大飯店餐飲部門的整體營收中，餐食收入所佔的比重的自然較高，飲料收入所佔比重較低。以虛擬案例JJ國際大飯店的營收預算（請詳第十一章）資料來看，餐食收入約佔85～90%，飲料約佔10～15%。在西方國家的飯店中，飲料的收入比重較東方國家為高。曾有位老師說過：「西方人講飲食文化，飲在前，餐在後，中國人說餐飲文化，餐在前，飲在後」，因為重視的程度不同，其結果自然也不同。但不管東西文化上的差異，在餐飲服務的過程中，這二者有著密不可分的關係，因為飲料可以促進美食的整體分數，尤其在一些餐會上，菜單裡還會設計餐前酒、佐餐酒以及餐後飲料等。一般飯店會設有酒吧、夜總會，提供各種酒類與飲品，在宴會廳的餐會中，也會搭配各種酒類與飲料。

　　然而這看似佔比較低的營收，卻有著較高的利潤，原因為何呢？飯店餐廳要供應美味的菜餚，需要有許多廚師，內外場的合作，再加上採購、驗收、倉庫作業、以及廚房完整的作業流程方能提供。但是飲料的貨品大多是成品，只需開瓶即可供應，吧台不需太多工作人員，只要1至2人即可負責整個餐廳的飲料供應，因此，人力極為節省。另外，食物成本一般多在30～35%之間，但是飲料成本則多在20～25%之間。由此可以看出，飲料若能增加銷售額，則利潤必然提升！相對的，飲務部人員有較高的產值，因為酒水的特性，其作業流程有較多的環節點需要注意，故而在管理上也需要較為嚴格的控管。

二、飲料的分類

　　飲料的區分大致可以分為兩大類：一類為酒精性飲料，一類為非

酒精性飲料。茲詳述如下：

1. 酒精性之飲料（Alcoholic Beverage）可分為

   (1)烈酒類：酒精濃度40%以上之各式酒類，如白蘭地、伏特加、琴酒、龍舌蘭酒、威士忌、藍姆酒等。此類為蒸餾酒。

   (2)香甜酒：白柑橘、藍柑橘、杏仁香甜酒、椰子、咖啡、奶酒、桑葚、櫻桃……等各式水果香甜酒。此類為蒸餾酒。

   (3)草藥酒：五加皮、蔘茸酒、義大利加利安諾、艾碧絲、茴香酒……等。此類為蒸餾酒增添藥草浸泡。

   (4)中國酒系列：以穀類為原料高粱、大麴、黃酒、紹興、花雕、茅台、紅露……等。此類高粱、大麴、茅台……等為蒸餾酒，其餘為釀造酒。

   (5)酒精強化葡萄甜酒：如波特酒（Port）、雪莉酒（Sherry）、馬沙拉酒（Marsala）、彼諾甜酒（Pineau Des Charentes）……等。此類酒是在葡萄酒發酵過程中加入中性烈酒，以提高酒精濃度（18%~22%）及甜度（8%）。

   (6)葡萄酒：有紅葡萄酒、白葡萄酒、粉紅酒（玫瑰紅）、香檳等。此類為釀造酒，葡萄酒在西式餐飲服務中具有重要地位。

   (7)啤酒：一般啤酒、生啤酒、黑啤酒……等。此類為釀造酒。

2. 非酒精性飲料（Soft Drinks）可分為

   (1)果汁飲料類：各式含水果汁之飲料如葡萄汁、柳橙汁……等。

   (2)碳酸飲料類：如汽水、西打、蘇打水……等。

   (3)乳品飲料類：如鮮奶、保久奶、羊奶、優格、酸奶……等。

   (4)含咖啡因飲料類：以咖啡、茶飲為主、（可樂、巧克力含有少量咖啡因）。

三、飲料倉庫的區分

以上述分類而言，每一類項之保存條件不同，因此，飲料倉庫一般可區分為：

1. 一般酒庫：存放不需冷藏的酒類，如烈酒類、中國酒系列。
2. 冷藏酒庫：存放需要冷藏的酒類與飲料：如啤酒、乳品類、果汁類等。
3. 葡萄酒庫：以恆溫酒櫃儲藏各式葡萄酒，溫度約為8-15℃之間。
4. 一般飲料庫：其他不需冷藏之飲料。
5. Mini Bar（迷你酒吧）專區：所有迷你酒吧品項，包括食品類都存放在同一處，以方便領發貨作業管理。

第二節　飲務部組織與前置作業

一、飲務部組織圖

JJ國際大飯店設有三個酒吧，分別為大廳酒吧（Lounge Bar）、銀河酒吧（Galaxy Wine Bar）及夜總會（Night Club）。其飲務部組織在每個酒吧設有副理或主任一名、調酒師與服務生各數名，統籌由飲務部經理負責。請詳組織圖（圖9-1）如下：

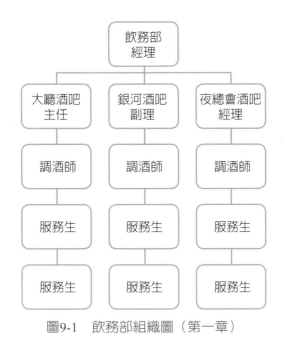

圖9-1 飲務部組織圖（第一章）

二、前置作業－標準配方表

　　飲務部是餐飲部裡面的一個重要部門，負責所有與飲料相關的營運管理，設有飲務部經理，負責飲料單、酒單規劃、人員督導、工作安排、教育訓練、活動計畫、營運管理、考核……等。以JJ國際大飯店之設置而言，有三個酒吧，分別為大廳酒吧、銀河酒吧及夜總會酒吧。這三個酒吧由於位在不同樓層，難以集中管理，而且所提供之酒單／菜單與飲料單不盡相同，因此必須各自設有小倉庫。

　　在餐飲成本控制的前置規劃作業中，諸如酒單、飲料單之設計、標準配方表之建立，成本之計算、訂價與目標成本率之設定、年度預算之編列……等，都與餐飲部之餐廳廚房同步，做法一致。其中標準配方表有些微差異，食品類的配方表有「廚房成本」這一欄位的設置，但是飲料類的配方表不需要這個設計，因為所有的材料較簡單，可以計算出精確的成本。

茲舉例說明標準配方表（表9-1）之成本計算、訂價與目標成本率之設定，以銀河酒吧酒單中雞尾酒——瑪格莉特為例，其配方表之材料為：

　1.特吉拉1又1/2盎司

　2.白柑橘香甜酒1/2盎司

　3.新鮮萊姆汁1/2盎司以及用鹽抹杯口

其成本之計算如下：

　1.特吉拉1 1/2盎司 = 460/700ml*43ml = 28元

　2.白柑橘香甜酒 1/2盎司 = 520/700ml*14ml = 10.5元

　3.新鮮萊姆汁 1/2盎司 = 60/12/2 = 2.5元

　4.標準成本總計為：40.5元

　5.售價決定為220元

　6.標準成本率為18.4%

範例　　　　　　　　　　　　　　　　　　　　　　　　　　　成-02a

表9-1　　*jj* 國際大飯店

飲調標準配方表
Standard Recipe for Beverage

品名：瑪格莉特　　　　　　　　　　　　　　　　　廳別：銀河酒吧

生產數量：1份　　　　　　　　　　　　　　　　　日期：xxxxxx

材料	數量	單位	單價／單位	小計	
特吉拉	1 1/2	oz	460/btl	28	
白柑橘香甜酒	1/2	oz	520/btl	10.5	
新鮮萊姆汁	1/2	oz	60/kg	2.5	
鹽					

總計 Grand Total：			40.5
每份成本 Portion cost：			40.5
Selling Price：每份售價	220	標準成本率	18.4%
製備及做法：			
1. 雞尾酒杯杯口抹鹽。			
2. 將1.2.3.加入冰塊，用搖盪法搖盪後倒入。			
3. 加上裝飾物。			

三、前置作業–成本與售價的關係

1. 雞尾酒單

　　前面有關生產與成本控制的章節有提過，所有菜單的產品都需要建立標準配方表、並經過成本計算再決定售價，以求得「標準成本率」。這個標準成本率每項產品都不盡相同，但是總的來說，會有一個大概的幅度，以JJ國際大飯店集團所訂的目標，食品類的目標成本率為32～35%之間，飲料類的目標成本率為22～25%之間。因此，所有飲料類的產品在算出成本後，在做訂價時，會盡量將價格訂在約成本4倍左右，以達成整體飲料成本率維持在22～25%的目標，不過這也要看飲料品項的特性與市場性而定。

　　以銀河酒吧為例，當完成所有雞尾酒單之標準配方表後，需先經過成本計算，準確算出酒單上每一樣產品的標準成本。這時可以利用「雞尾酒價格與成本分析清單」，將所有資料填入，並且進一步決定每一項產品之售價，如此則完成酒單之制定。這張清單將是屆時更換

新酒單的版本，也是要輸入到POS系統的依據。

請詳表9-2（雞尾酒價格與成本分析清單）

範例   成-06

表9-2   _JJ_ 國際大飯店

雞尾酒價格與成本分析清單
COCKTAIL PRICE AND COST ANALYSIS LIST

日期：<u>XXXX/XX/XX</u>

編號	品　名	容器	成本	售價	成本百分比（%）	備註
	血腥瑪麗 Blood Mary	High Ball	35	200	17.5	
	教父 God Father	Old Fashion	50	220	23	
	天使之吻 Angel's Kiss	Liqueur Glass	42	200	21	
	瑪格莉特 Margarita	Cocktail Glass	40.5	220	18.4	
	馬丁尼 Martini	Cocktail Glass	40	220	18	
	藍色珊瑚礁 Blue Lagoon	Collins	48	220	22	
	曼哈頓 Manhattan	Cocktail Glass	38	220	17.5	
	新加坡司令 Singapore Sling	Collins	32	200	16	
	……					
	……					
	……					
	……					
	……					
	……					
	……					
	……					

編號	品　名	容器	成本	售價	成本百分比（%）	備註

主管簽名：＿＿＿＿＿＿＿＿＿　　　　成本控制室主任：＿＿＿＿＿＿＿＿＿

2.烈酒酒單

　　除了雞尾酒與一般飲調這些產品需要混合許多不同材料，使用標準配方表來計算成本外，烈酒與葡萄酒都是不需經過調製過程，即可服務顧客。因此，必須另外制訂標準用量或訂價，方能知道其成本與售價的關係。

　　茲以夜總會爲例，請詳表9-3「烈酒類價格與成本分析清單」作範例說明：

範例　　　　　　　　　　　　　　　　　　　　　　　　　　　　成-07

表9-3　**jj** 國際大飯店

烈酒類價格與成本分析清單
LIQUOR PRICE AND COST ANALYSIS LIST

日期：**xxxx/xx/xx**

編號	品名	容量（ml）		成本		售價		成本百分比%	
		杯	瓶	杯	瓶	杯	瓶	杯%	瓶%
001	Hennessy X.O.	28.5	700	130	3200	450	8,000	28.8	40
002	J.W. Black Label	28.5	700	28.5	700	200	3,500	14.3	20
003	Smirnoff Vodka	28.5	700	21.2	520	180	2,200	12	24

編號	品名	容量（ml）		成本		售價		成本 百分比%	
		杯	瓶	杯	瓶	杯	瓶	杯%	瓶%
004	Jim Beam	28.5	700	18.3	450	170	1,900	11	24
005	Remy Martin Vsop	28.5	700	50	1200	280	4,500	18	27
006	Ballantines 12 yr.	28.5	700	27.8	680	200	3,200	14	21
007	Macallan 12yr.	28.5	700	50	1200	280	4,500	18	27
008	Royal Salute 21yr.	28.5	700	118	2900	420	7,200	28	40
009	Baileys Irish Cream	28.5	700	22.4	550	190	2,500	12	22
	-								
	-								
	-								
	-								
	-								

主管簽名：＿＿＿＿＿＿＿＿＿　　　　成本控制室主任：＿＿＿＿＿＿＿＿＿

烈酒類價格與成本分析清單之格式如下：

(1)編號：為倉庫代號。

(2)品名：為各烈酒名稱。

(3)杯：為銷售單位，一般以1oz盎司為容量標準，28.5ml。

(4)瓶：為整瓶做銷售單位，容量為700ml。

(5)成本：可分為一杯與一瓶的成本，杯的計算方式為進價／容量
　　*1 oz；瓶的成本即為進價。

⑹售價：也分單杯與一瓶。

⑺成本百分比％：單杯之成本百分比％＝單杯成本／單杯售價。
整瓶之成本百分比％＝整瓶之進價/整瓶之售價。

　　以軒尼士陳年白蘭地Hennessy X.O.為例，一瓶700ml成本3,200元，單杯為1盎司，成本為130元，售價訂為450元，成本率為28.9％。若以整瓶銷售其售價為8000元，成本率為40％。

　　另以金賓威士忌Jim Beam為例，一瓶700ml成本450元，單杯為1盎司，成本為18.3元，售價訂為170元，成本率為11％。若以整瓶銷售其售價為1900元，成本率為24％。

　　上述兩款烈酒之訂價有著極大的差異性，軒尼士陳年白蘭地Hennessy X.O成本高，雖然售價也高，但是其成本率卻是也高！反過來說，金賓威士忌Jim Beam成本低，其售價雖低，但是其成本率卻是相對更低，酒吧可以有較高的利潤！因為飯店之酒吧有一般最低消費之特性，入門款的飲料售價有一定之水準，不宜因為成本低就賣得太便宜，就如同一杯咖啡售價要120元，但是其成本不過5～6元，消費者都可以接受，這就是飲料品項的特性與其市場性。

3.葡萄酒酒單

　　如前述烈酒與葡萄酒都是不需經過調製過程，即可服務顧客。但是因為葡萄酒是較為特殊的一種飲料，其價格之差異相當大，一瓶酒之進價從數百元到數萬元都有。此外，它也需要有專業侍酒師（Sommelier）來服務顧客，由侍酒師根據顧客所選的菜色，推薦適合的葡萄酒來搭配菜餚。而且葡萄酒的管理如保存與酒單的設計等，也需要專業侍酒師才能勝任，在成本分析方面，先要決定一瓶葡萄酒之售價，方能知道其成本與售價的關係，即其成本率。

　　除此之外，葡萄酒的保存條件諸如：⑴溫度、⑵溼度、⑶光線、⑷震動等，都是需要有專業設備保存，例如恆溫酒櫃與倉庫。

茲以牛排館為例，請詳表9-4「葡萄酒價格與成本分析清單」作範例說明：

表9-4　**jj** 國際大飯店

葡萄酒價格與成本分析清單
WINE PRICE AND COST ANALYSIS LIST

日期：　**XXXX**

編號	品　名	年份	容量 (ml)	成本	售價	成本百分比%	備註
	Louis Latour Aloxe-Corton Domain Latour, AC	2007	750	2,250	5,800	38	
	Wolf Blass Gold Label Cabernet Sauvignon	2008	750	1,500	4,500	33	
	Chateau Jourdan (Premieres Cotes de Bordeaux AC)	2004	750	850	2,400	35	
	Mouton Cadet Rouge	2008	750	650	2,200	29.5	
	Volpaia Balifico Toscana Igt 05/06	2000	750	2,880	6,800	42	
	Papagena Barbera D'Alba Doc	2007	750	1,170	3,800	31	
	Beringer Founder's Estate Merlot	2008	750	855	2,800	30.5	
	Stags' Leap Napa Valley Merlot 2007	2007	750	1,600	4,800	33	
	Montes Alpha Cabernet Sauvignon 2009	2009	750	1,150	3,700	31	
	Heinz Eifel Rheinhessen Eiswein		375	1,200	3,200	37.5	
	Jacob's Creek Chardonnay	2012	375	420	1,750	24	
	Fleur de Champagne Brut NV	2006	750	2,200	6,000	36.7	
	...						
	...						
	...						
	...						

編號	品　名	年份	容量(ml)	成本	售價	成本百分比%	備註

主管簽名：＿＿＿＿＿＿　　　成本控制室主任：＿＿＿＿＿

葡萄酒價格與成本分析清單：

⑴編號：為倉庫代號。

⑵品名：為各葡萄酒之名稱。（*葡萄酒名較為特殊，有用葡萄品種，也有用酒莊名稱命名）

⑶年分：為該瓶酒採收釀造的年份。

⑷容量：分為半瓶375ml、整瓶750ml、以及1.5公升裝（2夸脫）。目前以前兩者較常見，但半瓶裝其實不多。

⑸成本：即該葡萄酒之原始進價。

⑹售價：即該葡萄酒之銷售價格。

⑺成本百分比%：整瓶之進價/整瓶之售價。

葡萄酒的種類有香檳酒、白葡萄酒、紅葡萄酒及粉紅葡萄酒四大類，葡萄酒的酒精濃度不高，開瓶之後即需飲用完畢，不適合繼續存放，香檳酒更因為氣體會消失，也不能隔天再喝。因此，除了飯店指定葡萄酒會用單杯提供之外，所有葡萄酒都是以整瓶為單位出售。葡萄酒之容量以整瓶750ml為主流，也有半瓶裝（375ml）、小瓶裝（200ml）、甚至1.5公升及5公升裝等。

以LOUIS LATOUR ALOXE-CORTON Domain Latour, AC為例，成本2,250元，售價5,580元，成本率為38%。

另以JACOB'S CREEK CHARDONNAY為例，成本420元，售價

1,750元，成本率爲24%。其餘如表述。

葡萄酒在高級西餐廳是作爲佐餐搭配，根據顧客的所選的菜單，有專業師酒師提供建議與侍酒服務，挑選適當的香檳酒、白葡萄酒、紅葡萄酒及粉紅葡萄酒作爲用餐之酒。有些法國餐廳其餐點菜餚與飲料的收入各占一半，由此可以看出飲料管理傑出性。

本章主要在說明制訂「標準成本率」，就是一種「目標成本率」，是整體飲務部營運單位，努力以達成的目標依據。

第三節　酒吧飲務管理作業流程

一、酒標籤

飲務部的作業流程，與廚房的作業流程大致相同，但是其成本控制的做法卻是最嚴格的，因此在制度的設計上，盡量不讓員工有太大的空間，減少管理上的漏洞，也就是說不要引誘犯罪。

其成本控制的循環可以減少「直接進貨」這個環節，故而與一般所謂的成本控制循環一樣，從採購→驗收→倉儲→發貨→生產→服務。在前面二個環節採購、驗收與食品的做法一致，但是在倉儲領發貨這個階段，酒類的貨品進入倉庫，早年會採用黏貼「酒標籤」的做法。飯店會設計一款自黏標籤，上面有序號，所有的烈酒與香甜酒都會貼上此標籤，並在帳卡上登錄序號，發貨時也會記錄其序號，爲的是方便追蹤，每家飯店都有自行設計的酒標籤的樣式。

JJ國際大飯店其酒標籤款式如圖示，圖9-2

JJ Grand Hotel 國際大飯店

No. 0000001

飯店資材　　　　飯店資材

圖9-2　酒標籤

二、酒吧盤點表（Bar Inventory）

　　酒標籤的管理流程，現在已有些飯店捨棄這種做法，改採以加強每日盤點的標準作業流程做爲控管，JJ國際大飯店目前就是採用這個做法，每間酒吧所有酒類是用「週」盤點表做控管記錄，每日進貨後即在盤點表上記錄進貨的數量，每日營業結束，清點之後，在盤點表上記錄所剩實際數量，週而復始。這些盤點記錄表，需要保留下來，在月底成控室人員來做實際盤點時，一併送交查核，此盤點表可做爲參考資料。請詳表9-5。

表9-5　**jj** 國際大飯店　　　　　　　　　　　　　　　　　　　　　成-36

酒吧小倉庫「週」盤點表
Bar Store Weekly Inventory

酒吧倉庫：_____　週期：_____　期間：_____

No.	品項	上週數量	進出帳目數量							實際剩餘數量							備註
			一	二	三	四	五	六	日	一	二	三	四	五	六	日	

No.	品項	上週數量	進出帳目數量							實際剩餘數量							備註
			一	二	三	四	五	六	日	一	二	三	四	五	六	日	
	TOTAL																

保管負責人：＿＿＿＿＿＿＿＿＿＿

　　各餐飲據點（酒吧與餐廳）的小酒庫之盤點，是根據非營業時間排定之盤點時間，由各點負責人、飲料成控員與成控室主管會同做實際盤點。其最主要目的是在檢核實際與帳上貨品數量之差異。若是兩者之間數量吻合或者差異不大，代表負責人員管理優良，若是差異太大，則必須找出其原因。除此之外，成本控制室也可以不定期抽點，

即所謂不預警抽點！（Spot Check）

三、開放式酒吧Open Bar

開放式酒吧（Open Bar），是酒會中常見的一種飲料提供方式，依照顧客的需求與預算而設計。一般而言它可分為兩種方式，一種是免費提供給來賓，一種是由來賓自行付費購買，在國內第二種方式較少運用，但在國外卻頗為常見，稱之為COD（即cash on delivery），其實就像在酒吧，客人自行點酒付費一樣，只是無酒精飲料通常是免費的。第一種免費提供飲料的Open Bar，它提供一定量的酒類與軟性飲料，在一定的時間內免費提供，或者是無限量供應，等酒會結束時，再看使用了多少飲料，計算後再結帳。

開放式酒吧與一般酒會中的飲料台，都有服務人員現場提供點選服務，但不同的是，開放式酒吧是由「專業調酒師」（Bartender）負責，現場可以調製各種雞尾酒（Cocktail），而一般的飲料台只提供現成的酒類與飲料，服務生只負責簡單的倒飲料服務而已。

提供開放式酒吧的作業流程，與一般酒會稍微不同，它需要事先備一定量的酒類與飲料，可由訂席主人事先確認後使用，等到酒會結束之後，再盤點一次，計算所有消耗的酒與飲料，然後再與顧客結帳。除此之外，也有一種所謂包場制的計費方式，即選定幾款酒與飲料，在酒會期間無限量供應，收取一定的費用，這種作法如果來賓消耗得少，則利潤較高，反之則否！

名詞解釋

1. 恆溫酒櫃（Wine Cellar）：這是近年來專為保存葡萄酒類而設計之酒櫃，不同葡萄酒適合保存的溫度不一樣，香檳溫度最低，白葡萄酒約10～14℃、紅葡萄酒約12～18℃。恆溫酒櫃可以視需求而有不同尺寸設計，類似冰箱，唯內裝需考量葡萄酒需平躺放置的特性。

2. 不預警抽點（Spot Check）：不預警抽點乃針對酒吧防弊而設，成控人員不事先通知，是一種突襲檢查，針對酒類庫存實施盤點，檢視是否正常。

3. 開放式酒吧（Open Bar）：是酒會中依照顧客的需求與預算而設計的一種飲料提供方式，一般可分為兩種方式，一種是免費提供給來賓，一種是由來賓自行付費購買。

4. 艾碧絲（Absinthe）：是一款很強烈的草本液體蒸餾酒，它用多種的草藥如茴香、歐亞甘草、海索草、veronica、茴香、檸檬香脂、當歸……等。它的酒精含量從50～70%都有，傳統飲法通常會將小方糖放在一把開槽的「艾碧斯匙」，再將冰水慢慢滴入匙子將糖融化滴入酒杯中飲用。

5. 波特酒（Port）：此為葡萄牙的一款酒精強化的天然甜葡萄酒。

6. 雪莉酒（Sherry）：此為西班牙的一款酒精強化的天然甜葡萄酒。可分為不甜Fino與甜酒Cream兩種。

7. 馬沙拉酒（Marsala）：此為義大利西西里島的一款酒精強化的天然甜葡萄酒，是加了烈酒（白蘭地）的強化葡萄酒（liqueur）。

8. 彼諾甜酒（Pineau Des Charentes）：此為法國的一款使用白蘭地加入葡萄汁並放入橡木桶陳年的天然甜葡萄酒。

9. 專業侍酒師（Sommelier）：源自法文的侍酒師一詞，是指受過葡萄酒服務專業訓練的服務人員，他具有豐富的葡萄酒專業知識，懂得以何種酒來搭配食物，在餐廳裡為客人介紹與建議挑選葡萄酒，來搭配所點的菜餚。專業侍酒師養成不易，優秀的侍酒師可以替餐廳創造巨額營收。

今夜不設防，不預警抽點的故事（Spot Check）？

　　自從上次到日本東京的JJ大飯店實習回來，已經二個多月，Alex一直回想著日本人做事的精神，當中國人強調「誠信」的重要時，日本人似乎已經把誠信當成日常生活或工作的一部分，本來就該如此，並不需要特別去強調。另外，對上司前輩的服從態度，也已經成為一種習慣了。一個日本人跟一個中國人比，可能沒中國人聰明，但是一群日本人跟一群中國人比，卻要比中國人強上許多，為什麼？這該是一種團隊戰力，層級分明，絕對服從，上層指令既出，下屬就必須完成，徹底執行。部門間的爭執，也只是主管的一句話就拍板定案，哪怕有不甚合理之處！這種國情造就日本以大企業居多，而台灣卻是以中小企業為主。

　　成本控制的設計是一種制度與流程的設計，也是站在內部稽核與防弊的角度來看事情，如果大家都照規矩做事，其實也不需要監督稽核，因為一切都符合規定與要求。但人總有人性的不同層面，有良善也有陰暗之處，許多問題的產生，都是因為私心與利益間的關係。Alex想起高島所講述的一個小故事，

　　數年前高島曾經服務於夏威夷某家知名連鎖飯店餐飲部，擔任專員一職（所謂專員Coordinator是餐飲部協理的助手，級職在餐廳經理之上）。那是一家生意相當不錯的渡假飯店，住房率高，餐飲的營收也高，尤其這家飯店有4個酒吧，調性各異，大廳酒吧傳統優雅、海灘酒吧以BBQ啤酒屋形式為主、池畔酒吧每日有不同樂團演出，繽紛熱鬧，頂樓星空酒吧則以浪漫鋼琴取勝。飲務部經理負責這四個酒吧及高級西餐廳的葡萄酒管理。這4間酒吧以池畔酒吧營業額最高，其餘三間次之，各酒吧設有經理並對飲務部經理負責。

不久前來了一位新的成本控制室主任喬治，他原先任職於相同連鎖系統的關島飯店，成本控制的歷練頗長。高島與喬治因為工作上的關係接觸頻繁，兩人理念相近很談得來，尤其對潛水有共同愛好，還曾一起去潛了幾次水。有一天，喬治對他說：「我打算今天晚上到池畔酒吧做spot check！（即是不預警抽盤點）」，並約他一起來。他解釋道最近他研究這幾年餐飲部的營收狀況，4間酒吧的收入都不錯，但是這一年多池畔酒吧的收入，卻有細微幅度的下滑，雖不明顯但住房率卻是上升的，而且一年前酒吧的飲料單更新時，還有微幅調漲價格。他調來這裡這段期，由於他喜歡流行音樂，所以常常在下班後到池畔酒吧點一杯飲料，聆聽樂團的表演。因為夏威夷溫度較熱，池畔為室外空間，這裡的雞尾調酒大多數以冰砂方式調製，客人也很喜歡！他在欣賞樂團的同時，也會觀察吧台的運作，他發現顧客很多都是付現，簽帳與刷卡較少。服務生與吧台互動良好，有說有笑，相當美式作風，不過有一次偶然的他看到，服務生與吧台調酒師都比出同一手勢，引起他的注意。其後他檢查池畔點單時發現偶有跳號單，並且作廢單有時一個晚上出現4、5次，於是他持續觀察，覺得似乎有人手腳不乾淨。因此，他決定做一次「不預警抽點」。

不預警抽點制度在許多飯店都有建立，只是實行的並不多，除非發現有異常狀況。但是也有飯店把不預警抽點當成例行公事，常常不定時實施，喬治告訴他之前在洛杉磯的某家飯店服務時，便經常會做「不預警抽點」。

不預警抽點與正常盤點並無二致，列印出單位盤點表，帳上該有的數量，將所有品項做實際清點，之後再進行比對。

於是當晚營業結束後，他與喬治、飲務部經理一起到池畔酒吧，做了一次不預警抽點。結果他們發現吧台內共多了3瓶伏特加、

2瓶白柑橘與2瓶特吉拉，其他酒類則與盤點帳冊有多有少。經過一番詢問，吧台提不出合理解釋，於是他向餐飲部協理報告後，令晚班的員工先停職，飲務部經理從其他酒吧調人支援。經過開會後，公司做出處分，池畔酒吧經理督導不周請其自行離職，其餘涉嫌重大員工予以解雇，其他員工調離原單位。

　　經過一段時間的歷練，Alex對於成控主管所扮演的腳色越來越有心得，他也不定時會做Spot Check！雖然沒有發現甚麼重大違失，但是這代表飯店的同仁品格都很優秀。他也體悟到制度的設置若能認真執行，內部稽核就會像血管的清道夫，可以讓血管暢通不阻塞。結論是，成本控制的角色，是需要處處留心，發現問題，做出行動，提出解決方案。

學習評量

1. 請說明飲料在餐飲業中有何特性？
2. 請說明飲料的分類。
3. 請問飲料之標準配方表與食品之標準配方表有何不同？
4. 專業侍酒師（Sommelier）的功能為何？
5. 葡萄酒的保存條件有哪些？
6. 飲料單又可分為幾種？
7. 何謂OPEN BAR？

第十章
迷你酒吧（MINI BAR）管理作業

第一節　迷你吧流程

一、迷你酒吧的內容

迷你酒吧（Mini Bar）是五星級大飯店的必備服務，它未必會賺錢，但是又不能不備，所提供的品項不能太簡略，否則就失去意義。早年國際大飯店之Mini Bar生意不錯，因為那時家數不多，進口貨品較少，商務客人占多數，消費力強。但是現在都會區的大飯店，競爭對手多且周邊百貨賣場超商林立，飲料與休閒食品取得容易，再者飯店的價位偏高，且貨品缺乏獨特性，飯店內的Mini Bar顯然失去誘因與競爭力。因此，飯店的Mini Bar菜單之規劃，如何找出特殊商品，甚至設計出飯店專屬的商品，能獲得顧客的青睞，本身就是一種挑戰!

Mini Bar的商品大約可分下列幾種：

⑴樣品酒：多為50cc小瓶，有白蘭地、威士忌、藍姆酒、伏特加、龍舌蘭、琴酒等。

⑵果汁：一般會有柳橙汁、番茄汁、蘋果汁。

⑶碳酸飲料：有汽水、西打、蘇打水、Tonic Water、可樂。

⑷咖啡性飲品：有罐裝咖啡、茶飲。

⑸礦泉水，有一般礦泉水與氣泡礦泉水。

⑹葡萄酒：一般以半瓶或200ml規格之紅白葡萄酒為主。

⑺啤酒類：可能放1～3種進口知名品牌及本地品牌。

⑻休閒食品：有洋芋片、花生、杏仁果、巧克力、綜合豆……等。

由此可見Mini Bar雖小，但是品項頗為複雜，有可能達到40項左右。一個飯店如果有600個房間，則會有600個Mini Bar，這些商品如果放在一起，應該相當壯觀。

二、價格與成本分析

Mini Bar的菜單規劃一般是由餐飲部協理負責，他會要求採購部請供應商提供樣品，甚至找進口商洽談某些特殊品項。此外，也可直接找飲料廠商洽談專案促銷方式，因為，有些飲料大廠為了將商品放到知名大飯店，願意以非常優惠的價格提供商品。因為某某商品成為知名飯店指定使用，這對廠商來說有廣告宣傳的價值。

所有商品找齊之後，採購部門談妥進價成本，餐飲部協理再來決定售價，其做法與「烈酒、葡萄酒價格與成本分析」一樣。茲以JJ國際大飯店Mini Bar價格與成本分析清單說明如下，請詳表10-1。

範例　　　　　　　　　　　　　　　　　　　　　　　　成-09

表10-1　JJ 國際大飯店

迷你酒吧價格與成本分析清單
MINI BAR PRICE AND COST ANALYSIS LIST

日期：　XXXXX

編號	品名	容量（ml）	成本	售價	成本百分比%	備註
XX1	Montes Alpha Cabernet Sauvignon	375	230	920	25	
...	Moet Chandon Champagne	375	480	1,500	32	
	JACOB'S Creek Chardonnay	200	180	650	28	
	J.W. Black Label	50	92	290	32	
	Smirnoff Vodka	50	42	170	25	
	Jim Beam	50	45	190	24	
	Remy Martin VSOP	50	95	290	33	
	Myers Dark Rum	50	40	160	25	
	Tequila	50	40	170	24	
	Beefeater Gin	50	42	180	23	
	Carlsbery Beer	355	38	130	29	
	Coca Cola	355	12	90	13	
	Apple Juice	300	20	90	22	

編號	品名	容量 （ml）	成本	售價	成本百分比%	備註
	Compos	350g	20	60	33	
	Toblerone Chocolate	150g	25	70	33	
	Macadamia nuts	200g	96	320	30	
	...					
	...					

主管簽名：_____   成本控制室主任：_____

1. 編號：為倉庫代號。
2. 品名：為各項商品之名稱，有酒類、軟性飲料、休閒食品類。
3. 容量： 分為半瓶375ml、小瓶200ml，以及50cc樣品瓶。食品類以（g）表示。
4. 成本：即該所有品項之原始進價。
5. 售價：即該所有商品之銷售價格。
6. 成本百分比%：進價／售價。

　　等Mini Bar價格與成本分析清單完成之後，即可製作房客帳單了。
請詳表10-2「 Mini Bar房客帳單」。

表10-2　*Jj* 國際大飯店

迷你酒吧房客帳單
MINI BAR GUEST CHECK

房號：＿＿＿＿＿＿＿＿　　　　　　日期：＿＿＿＿＿＿＿＿

編號	品項	庫存量	單價	使用量	總計
XX1	Montes Alpha Cabernet Sauvignon	1	920		
...	Moet Chandon Champagne	1	1,500		
	JACOB'S Creek Chardonnay	1	650		
	J.W. Black Label	1	290		
	Smirnoff Vodka	1	170		
	Jim Beam	1	190		
	Remy Martin VSOP	1	290		
	Myers Dark Rum	1	160		
	Tequila	1	170		
	Beefeater Gin	1	180		
	Carlsbery Beer	2	130		
	Coca Cola	2	90		
	Apple Juice	1	90		
	Compos	1	60		
	Toblerone Chocolate	1	70		
	Macadamia nuts	1	320		
	...				
	TOTAL				

顧客簽名：＿＿＿＿＿＿＿＿　　　　　　　　　※一式三份

第二節 Mini Bar的操作與管理方式

一、Mini Bar的操作流程

　　Mini Bar的營收雖然是屬於餐飲部門，但是其操作過程卻需要房務部來配合。餐飲部負責菜單的規劃與成本分析，並做訂價策略，以及進貨、倉管與發貨、退換貨等作業流程。房務部則需負責迷你酒吧的實際管理，從領貨、補充、盤查、入帳……等，其流程如圖10-1：

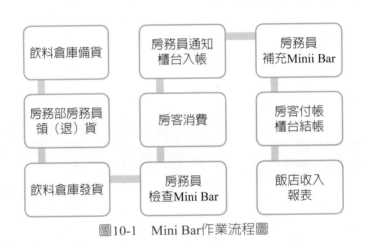

圖10-1　Mini Bar作業流程圖

　　飲料倉庫設置Mini Bar倉庫專區，專門於特定時間處理Mini Bar的領退貨。房務員每天在清理房間前，要先巡視Mini Bar是否有使用，若有使用，則先算出金額，再通報櫃台入帳。以JJ國際大飯店的處理方式：房務員拿起電話，先按#字鍵，再按入消費金額，這樣就已經入帳了，之後房務員再填寫Mini Bar房客帳單，事後再交給房務部辦公室即可。房務部辦公室等早班同仁都交齊之後，再一次送給櫃檯對帳。

　　房務員每人有分配清潔的房間數，在早上必須優先巡視退房（Check Out）的房間，檢查Mini Bar，並做帳務處理，同時也紀錄需要補充的數量，等到下午兩點左右，再開領貨單由主管簽名後，到Mini Bar倉庫

領貨，若有需要退貨的品項也一併處理。

二、Mini Bar通知單

一般飯店都會設計一種小卡片「迷你酒吧通知單」放在迷你酒吧上面，告訴客人本飯店的迷你吧已經補充完畢，可以放心使用。這種小卡片的運用是對客人的保證，房務人員做好房間，並且檢查迷你吧的產品有無過期，數量是否補充正確，即可將小卡片放好。請詳圖10-2 Mini Bar通知單。

圖10-2　Mini Bar 通知單

三、Mini Bar的管理表單

Mini Bar的實際管理，其實是由房務部與樓層領班及所有房務員在負責，他們也須扮演「成控」的重要角色，除了商品有效期的定期檢

視外，爲了方便管理與補充，有些飯店會設置樓層Mini Bar補充車或是迷你小倉，準備了Mini Bar所有商品，比較暢銷的商品會備貨多些。樓層領班每天需匯總樓層房間的Mini Bar消耗量，並做成紀錄表。此即表10-3迷你酒吧樓層控制表。茲說明如下：

　　⑴編號：爲各項貨品之代號。

　　⑵品名：爲各項商品之名稱，有酒類、軟性飲料、休閒食品類。

　　⑶領貨：爲當天所領貨品的數量。

　　⑷客房數量：即爲每間客房之商品數量。

　　⑸售價：即該所有商品之銷售價格。

　　⑹房號：即該樓層之房間號碼。

　　⑺總消費量：即所有房間所消耗之商品總數。

　　附註：如果飯店有設置MINI BAR補充車或是迷你小倉，其樓層控制表必須加入小倉之期初存貨欄位、加計領貨之可用數欄位、小倉之期末存貨等欄位。

　　房務部將各樓層領班交回之樓層控制表，每天固定交給成控室，做帳務處理。

三、過期商品處理

　　Mini Bar有一個特性，就是商品容易過期，每種商品都有其有效期限，這些商品被放在Mini Bar的冰箱及架上，不像餐廳可以不斷流通，需等顧客有需要時，才會取用，往往放置的時間會太長，很容易造成過期。另外住房率也是一個因素，並不是所有房間每天都有房客入住，在這斷斷續續的使用當中，商品的過期就很容易理解了。此外，尚有一種情況，就是顧客已經使用完，但是又將瓶子裝上水，看起來並未使用過，這會發生在透明無色的酒類與瓶裝飲料。

表10-3　迷你酒吧樓層控制表　　　　　　　　　　　　成-35

樓層：＿＿＿＿＿　　樓層主任：＿＿＿＿＿　　日期：＿＿＿＿＿

品項	編號	領貨	客房數量	單價	房號							總數

※ 客房狀況符號：　X=勿擾房　O=無迷你酒吧房　C=贈送房

既然Mini Bar的商品這麼容易過期，有甚麼方法可以有效處理呢？以下有二個建議：

1. 設定到期預警方式，要求商品到期前1～2個月，退回Mini Bar倉庫，這些貨品再盡速發給其他酒吧消耗。

2. 另一種方式是，將週轉較慢的樓層之Mini Bar換給週轉較快的樓層。

萬一仍然有過期商品出現，可以先聯絡供應商是否能夠退貨，尤其某些較爲滯銷的商品。如果無法退給廠商，則這些商品必須做報廢。報廢處理需填寫「食品與飲料報廢表」（成-32），註明報廢原因，交給成控室做費用之處理。

第三節　迷你酒吧營收分析

迷你酒吧是爲了提供房客的需求而存在，雖然有其任務性，但也希望能創造出利潤，當月底結帳後，成本控制部門便需要根據整體營收狀況，進行營收與成本之分析。結帳的做法與餐廳酒吧一樣，月底時需做盤點，如果有設置樓層Mini Bar補充車或是迷你小倉，則除了房務部的倉庫外，樓層小倉庫也須做盤點。根據領退貨與盤點可以計算出迷你酒吧的當月成本，營收的數字來自客房營收報表，調整差異帳後，即可著手製作迷你酒吧的營收分析報表。

由於迷你酒吧是跨部門的工作，部門利潤分析需要有許多營運數據，這些數據來自客房部、餐飲部、人事部、會計部、採購部乃至工程部，每個部門都有相關的費用攤派或收入。茲以JJ國際大飯店迷你酒吧某月份爲範例（請詳表10-4），說明如下：

註：這份報表將會放入成控的「成本分析報告書」中。

表10-4　**ĴĴ** 國際大飯店

迷你酒吧營收分析報表 - 月/年度

房間數量：_____　住房數：_____　年 / 月份：_____
　　　　　　　　　　　住房率：_____

品項	單價	成本	月累積						年累積			去年同期	
			銷售量	銷售額	%	銷售成本	毛利	%	銷售量	銷售額	%	銷售額	%
飲料類：													
Remy Martin VSOP													
...													
食品類：													
Macadamia Nuts													
...													
總計													
減：報廢與相關減項													
總潛在收入													
總實際收入													
差異													

品項	月累積								年累積			去年同期	
	單價	成本	銷售量	銷售額	%	銷售成本	毛利	%	銷售量	銷售額	%	銷售額	%
減：調整													
銷售淨額													
成本													
毛利													
費用：薪資相關													
部門費用													
印刷＆文具用品													
總部門費用													
部門利潤													
迷你吧冰箱折舊													
廣告收入													
部門淨利													
銷售額／每房／每日													
銷售利潤／每房／每日													
迷你吧客房數													
備註：													

報廢與相關減項：過期品、報廢品等

總潛在收入：根據所售出品項應該有的收入

總實際收入：實際收入

差異：＝總潛在收入－總實際收入

調整：跑帳、招待或是呆帳回沖帳等

銷售淨額：實際收入減調整

成本：實際迷你吧的成本

毛利：銷售淨額減成本

費用：薪資相關：相關部門的薪資攤派與人事相關費用

部門費用：餐飲部門內各項費用之攤派

印刷&文具用品：帳單、帳夾與通知卡片之印刷與文具用品

部門利潤：毛利減總費用

迷你吧冰箱折舊：小冰箱之折舊攤提

廣告收入：廠商廣告之收入，可利用帳夾或通知卡片做小廣告

部門淨利：部門利潤減折舊加廣告收入

銷售額／每房／每日：銷售淨額除以每日平均設有迷你吧的房間數

銷售利潤／每房／每日：銷售利潤除以每日平均設有迷你吧的房間數

迷你吧客房數：月／年／平均設有迷你吧的房間數

第四節　雞肋、雞肋

如前述，因為Mini Bar的特性，有其設置與否的考量，但是五星級大飯店卻有不得不設的困擾，即使它的營收不大。用句古人的話倒是頗為傳神「雞肋、雞肋」，食之無味，棄之可惜！此外，Mini Bar的操作勞師動眾，可是收益有限！許多小飯店就直接捨棄Mini Bar，房間裡

依然提供小冰箱，但是只有免費的礦泉水。

　　既然國際大飯店必須設置Mini Bar，其商品內容就要有新鮮感，最好是獨特商品，外面不易取得，甚至有些飯店在房間Mini Bar加入自家禮品店的紀念商品，或者飯店的吉祥物/公仔等（有些飯店用小熊或動物造型布偶作紀念品）。紀念商品的種類繁多，例如：鋼筆、紙鎮、鑰匙圈、T恤、帽子乃至連浴袍、浴巾、拖鞋……等皆可以，打印上飯店的LOGO，就是飯店專屬的商品。有些飯店甚至還加入自家店點心房手工製作的餅乾與巧克力禮盒，作爲一般性銷售與伴手禮的選項，這有一個好處，就是可以經常更新，如此也可增加商品的豐富性，值得一試。

名詞解釋

1. 房務部（Housekeeping Dept）.：是飯店客房部門中負責客房清潔，與公共區域維護的部門。

2. 退房（Check Out）：即顧客結束住宿，要結帳離開飯店。

3. 樣品酒（Miniature）：樣品酒一般以烈酒爲主，即所謂調酒用的六大基酒，容量約50cc，包括威士忌、白蘭地、琴酒、伏特加、龍舌蘭、蘭姆酒等。此外也有一些香甜酒（Liqueur），例如:白柑橘、杏仁酒、咖啡、薄荷……等。

4. 龍舌蘭（Tequila）：西班牙文，是一種墨西哥產、使用龍舌蘭草的心爲原料所製造出的蒸餾酒。

5. 琴酒（Gin）：是一種以穀物爲原料經發酵與蒸餾製造出的中性烈酒爲基底，加入以杜松子爲主的多種藥材與香料調味後，所製造出來的一種蒸餾酒。

6. 蘭姆酒（Rum）：蘭姆酒是用蔗糖的剩餘物，殘餘的糖稀或糖蜜釀造的蒸餾酒。

7. 伏特加（Vodka）：是一種蒸餾酒，任何含有澱粉的農作物都能製造伏特加，包括馬鈴薯、玉米、裸麥、甜菜、樹薯等。在俄國，它以馬鈴薯提煉而成，在美國，卻以玉米或小麥等穀類蒸餾而成。

8. 折舊（Depreciation）：是針對資產設備的價值評估，每一項設備有其使用年限，可根據年限（直線法）做折舊攤提，每年（月）固定提撥費用以為未來重置之需。

外店專櫃與寄賣作業流程

JJ國際大飯店自從拓展外店生意以來，點心房特別忙碌，要準備著各式糕點與配料，整個部門比Alex 在的時候還要忙，因為之後又增加了二個外點，每天需要出的貨更多了！這時點心房主廚就提出了一個建議，是否到外面租下一個工廠，專門生產點心，甚至將點心房外移，成立中央點心工場，以供應飯店所有單位的需求。其後經過一番討論，總經理室專員提出一份分析報告，指出遷出與否的利弊得失，最後以外店有合約期限等不定因素，決定還是在店內生產，只是空間擴大，人員與設備增加，以應付需求。這之後經過一段時間的磨合，慢慢就順利了。

有一天，餐飲部協理Gorde找他與採購部經理談一個案子，國內相當知名的一家代理商「丞品」想與JJ做生意，他們手上剛引進法國知名茶品「HEDIARD」，想要在JJ的精品店租一個門市專櫃，此外，希望JJ的百貨公司咖啡專櫃也能鋪貨，可以採用寄賣的方式進行。

所謂寄賣（consignment），就是「丞品」進給JJ的專櫃一系列

的「HEDIARD」茶品，一定的庫存量，等到月底做盤點，少於庫存的數量即為賣出的貨品，雙方再根據盤點表辦理寄賣的驗收，並補充賣出的貨品，丞品再開發票向JJ請款。這樣就完成一個月的寄賣循環，另外，平時也可以針對賣得較好的貨品叫補貨，一樣等到月底再一併處理。寄賣的好處就是賣方沒有成本的負擔，但有保存貨品的責任，等到月底，辦理完驗收手續，寄賣者開出發票請款，賣方才有成本的出現。但是為了不讓寄賣的貨品造成成本的增加，其收入的處理有別於一般的銷貨收入。因為，寄賣的利潤約在20～30%左右，相對其成本則為70～80%，所以若將寄賣的成本算入自家商品，則會對成本率造成提高的不良影響。故而在做法上，寄賣的收入只計算扣除成本的淨收入，公式為：寄賣商品收入－寄賣商品進價。

　　還有一點必須要克服的問題，由於百貨公司的櫃位租金是採取「包底抽成」方式，每家專櫃的租金百分比（%）都不同，從7～25%都有，甚至更高，JJ據說租金是12%。專櫃所開的發票都是百貨公司的發票，也就是每開出100元的發票，就必須付給百貨公司12元。如果寄賣的商品也比照一般自家商品，在付出租金之後，就沒什麼利潤了，因此，餐飲部請財務長出面與百貨公司協商，請求將寄賣這部份的銷貨金額特別處理。百貨公司也給予JJ相當的禮遇，寄賣的銷貨金額得以8%為租金，相當優惠。

　　Alex與採購部約代理商丞品經過一番討論協商，敲定了相關採購與付款條件之後，由成控室制訂了「寄賣作業流程」，發文給所有相關單位，如此展開了「寄賣」的形式。由於成效不錯，其後陸續有其他酒品與禮盒等寄賣商品，進入了JJ的外店專櫃。

學習評量

1.為何國際大飯店需要設置迷你酒吧（MINI BAR）？

2.迷你酒吧的商品大約可分幾種？

3.請說明迷你酒吧-MINI BAR的作業流程。

4.迷你酒吧的商品容易過期，有什麼方法可以有效處理？

5.何謂樣品酒（Miniature）？

第十一章

餐飲預算的編制

第一節　餐飲年度營收預算

一、月預算與年度預算

　　本章節所探討的年度營收預算編製，是餐飲成本控制的前置規劃建置過程，若無預算的編製，則缺乏理想與目標，因此，餐飲預算是一種經營的目標。它牽涉到目標市場與市場定位，也提供比較的基礎，做為與實際經營績效的對比。一般飯店的年度預算多在每年10月中開始編製，最晚在11月底前完成。以JJ國際大飯店為例，一共有七個餐廳與三個酒吧，加上一個大型宴會廳，這許多的餐飲單位，提供大量的餐飲需求，每個月的營收各有差異，但是要如何訂定每一個單位的預算才是最恰當呢？預算的編列不宜太高，做不到又差距大，難以解釋，但也不宜太低，缺乏挑戰性，容易滿足。因此編列預算的原則有幾項，說明如下：

1. 營收預算分別為食品收入與飲料收入。
2. 營收預算需區分餐飲時段，如早餐、午餐、晚餐、下午茶、消夜等。
3. 營收預算需根據座位數、週轉率、平均消費額、與來客數等來訂定。
4. 營收預算需有挑戰性，其目標是努力可能達到的。
5. 營收預算要根據歷史資料加以調整。
6. 營收預算不宜輕易達到。
7. 營收預算低於去年度實際營收時，需提出解釋。
8. 營收預算需分個別月份，依年度淡旺季與活動關聯。
9. 宴會廳營收預算之編列，不用餐飲時段區分，採用餐飲形式，如中餐收入、茶會、酒會、西式餐會、會議專案、外燴……等。

茲以JJ國際大飯店餐飲部2015年之年度營收預算（表11-1、11-2）說明之：

表11-1為單月之餐飲部門預算：

1. 座位數：為該餐廳之最大座位容量。

2. 週轉率：即每日來客數座位數之值。以每餐期為計算基準，週轉率高，代表餐廳生意好，反之則否。

3. 來客數：即每日到餐廳用餐的顧客數，即使只使用一杯飲料也需計算。

4. 總客數：即來客數乘以該月之日數。

5. 均消／人：即每位到餐廳來消費的顧客，平均所花費的金額。即所謂「平均消費額」，均消／人需分為兩類，一類為餐點類的均消，一類為飲料類的均消。

6. 餐點收入：即非飲料類的消費收入，包括各式菜餚餐點。數值來源為：（食品類）均消／人*乘以總客數。

7. 飲料收入：即所有飲料類的消費收入，包括各式飲品與酒類。數值來源為：（飲料類）均消／人*乘以總客數。

8. 總收入：即食品收入加飲料收入之總額，是該餐廳之餐飲總收入。

表11-2為年度之餐飲部門預算：

基本上與每月之餐飲部門預算相同，不同的是年度之餐飲部門預算：是將1月到12月的總來客數、餐點收入、飲料收入做加總。其餘兩類「均消／人」、「週轉率」、「每日來客數」乃是設公式計算出來。茲討論如下：

1. 座位數：同每月預算。

2. 週轉率：同每月預算。

範例

表11-1　國賓大飯店 *jj*

餐飲收入預算表　Revenue Budget for Food and Beverage Department
年：2015

成-01

Date：2014/11/20

月：Apr
天數：30

	周轉率	客數/每天	總客數	均消/人	餐點收入	均消/人	飲料收入	均消/人	總餐飲收入
		客數		食品收入		飲料收入		總餐飲收入	
Brasseries 80									
早餐	3.17	380	11,400	450	5,130,000	5	57,000	455	5,187,000
午餐	1.50	180	5,400	880	4,752,000	25	135,000	905	4,887,000
下午茶	1.67	200	6,000	580	3,480,000	0	-	580	3,480,000
晚餐	1.67	200	6,000	980	5,880,000	50	300,000	1030	6,180,000
消夜	0.50	60	1,800	460	828,000	20	36,000	480	864,000
總計	8.50	1020	30,600	656	20,070,000	100	528,000	756	20,598,000
牛排館 100									
午餐	0.80	80	2,400	820	1,968,000	120	288,000	940	2,256,000
晚餐	1.10	110	3,300	1200	3,960,000	450	1,485,000	1650	5,445,000
總計	1.90	190	5,700	1040	5,928,000	311	1,773,000	1351	7,701,000
霞飛邸 100									
午餐	0.85	85	2,550	780	1,989,000	50	127,500	830	2,116,500
晚餐	0.95	95	2,850	1020	2,907,000	120	342,000	1140	3,249,000
總計	1.80	180	5,400	907	4,896,000	87	469,500	994	5,365,500

紅樓 110	午餐	0.86	95	2,850	685	1,952,250	50	142,500	735	2,094,750
	晚餐	1.09	120	3,600	950	3,420,000	130	468,000	1080	3,888,000
	總計	1.95	215	6,450	833	5,372,250	95	610,500	928	5,982,750
泰荷餐廳 90	午餐	0.89	80	2,400	680	1,632,000	20	48,000	700	1,680,000
	晚餐	1.11	100	3,000	720	2,160,000	80	240,000	800	2,400,000
	總計	2.00	180	5,400	702	3,792,000	53	288,000	756	4,080,000
Genji 80	午餐	0.75	60	1,800	960	1,728,000	120	216,000	1080	1,944,000
	晚餐	1.06	85	2,550	1500	3,825,000	180	459,000	1680	4,284,000
	總計	1.81	145	4,350	1277	5,553,000	155	675,000	1432	6,228,000
翡冷翠 75	午餐	1.07	80	2,400	750	1,800,000	20	48,000	770	1,848,000
	晚餐	1.27	95	2,850	1240	3,534,000	240	684,000	1480	4,218,000
	總計	2.33	175	5,250	1016	5,334,000	139	732,000	1155	6,066,000
客房餐飲服務	收入合計		60	1,800	723	1,301,400	120	216,000	843	1,517,400
Mini Bar	收入合計		0	-	0	365,236	0	756,842	0	1,122,078
宴會廳	會議餐飲			500	280	140,000	50	25,000	330	165,000
	一般餐會			4,200	880	3,696,000	50	210,000	930	3,906,000

西餐 酒會			450	520	234,000	120	54,000	640	288,000
外燴			600	1250	750,000	150	90,000	1400	840,000
喜宴			1,500	1950	2,925,000	120	180,000	2070	3,105,000
小計			7,250	1068	7,745,000	77	559,000	1145	8,304,000
中餐 一般餐會			4,000	850	3,400,000	50	200,000	900	3,600,000
酒會			450	200	90,000	120	54,000	320	144,000
外燴			400	950	380,000	50	20,000	1000	400,000
喜宴			12,000	1800	21,600,000	200	2,400,000	2000	24,000,000
小計			16,850	1512	25,470,000	159	2,674,000	1670	28,144,000
總計			24,100	1378	33,215,000	134	3,233,000	1512	36,448,000
銀河酒吧 Snack&Drinks	2.00	150	4,500	120	540,000	325	1,462,500	445	2,002,500
75 總計	2.00	150	4,500	120	540,000	325	1,462,500	445	2,002,500
大廳酒吧 Snack&Drinks	2.40	120	3,600	80	288,000	180	648,000	260	936,000
50 總計	2.40	120	3,600	80	288,000	180	648,000	260	936,000
夜總會 Snack&Drinks	1.72	250	7,500	100	750,000	400	3,000,000	500	3,750,000
145 總計	1.72	250	7,500	100	750,000	400	3,000,000	500	3,750,000
945 飯店總計			104,650	835	87,404,886	138	14,392,342	973	101,797,228

範例

表11-2　JJ 國際大飯店

餐飲收入預算表　Revenue Budget for Food and Beverage Department
年：2015

Date：2014/11/20

Jan-Dec Brasseries		周轉率	客數		食品收入		飲料收入		均消/人	總餐飲收入
			容數/每天	總客數	均消/人	餐點收入	均消/人	飲料收入		
180	早餐	2.11	380	138,700	450	62,415,000	0	-	450	62,415,000
	午餐	1.00	180	65,700	880	57,816,000	25	1,642,500	905	59,458,500
	下午茶	1.11	200	73,000	580	42,340,000	0	-	580	42,340,000
	晚餐	1.11	200	73,000	980	71,540,000	80	5,840,000	1060	77,380,000
	消夜	0.33	60	21,900	460	10,074,000	20	438,000	480	10,512,000
	總計	5.67	1020	372,300	656	244,185,000	125	7,920,500	781	252,105,500
牛排館 100	午餐	0.80	80	29,200	820	23,944,000	120	3,504,000	940	27,448,000
	晚餐	1.10	110	40,150	1200	48,180,000	450	18,067,500	1650	66,247,500
	總計	1.90	190	69,350	1040	72,124,000	311	21,571,500	1351	93,695,500
霞飛邸 100	午餐	0.85	85	31,025	780	24,199,500	50	1,551,250	830	25,750,750
	晚餐	0.95	95	34,675	1020	35,368,500	120	4,161,000	1140	39,529,500
	總計	1.80	180	65,700	907	59,568,000	87	5,712,250	994	65,280,250

紅樓 110	午餐	0.86	95	34,675	685	23,752,375	50	1,733,750	735	25,486,125
	晚餐	1.09	120	43,800	950	41,610,000	130	5,694,000	1080	47,304,000
	總計	1.95	215	78,475	833	65,362,375	95	7,427,750	928	72,790,125
秦荷餐廳 90	午餐	0.89	80	29,200	680	19,856,000	20	584,000	700	20,440,000
	晚餐	1.11	100	36,500	720	26,280,000	80	2,920,000	800	29,200,000
	總計	2.00		65,700	702	46,136,000	53	3,504,000	756	49,640,000
Genj 80	午餐	0.75	60	21,900	960	21,024,000	120	2,628,000	1080	23,652,000
	晚餐	1.06	85	31,025	1500	46,537,500	180	5,584,500	1680	52,122,000
	總計	1.81	145	52,925	1277	67,561,500	155	8,212,500	1432	75,774,000
翡冷翠 75	午餐	1.07	80	29,200	750	21,900,000	20	584,000	770	22,484,000
	晚餐	1.27	95	34,675	1240	42,997,000	460	15,950,500	1700	58,947,500
	總計	2.33	175	63,875	1016	64,897,000	259	16,534,500	1275	81,431,500
客房餐飲服務	收入合計		60	21,900	742	16,249,800	120	2,628,000	862	18,877,800
Mini Bar	收入合計		0	-	0	3,924,532	0	11,023,460	0	14,947,992
宴會廳	會議餐飲			9,200	280	2,576,000	50	460,000	330	3,036,000

西餐廳 一般餐會				80,000	880	70,400,000	50	4,000,000	930	74,400,000
酒會				6,000	520	3,120,000	120	720,000	640	3,840,000
外燴				8,000	1250	10,000,000	150	1,200,000	1400	11,200,000
喜宴				12,000	1950	23,400,000	120	1,440,000	2070	24,840,000
小計				115,200	950	109,496,000	68	7,820,000	1018	117,316,000
中餐廳 一般餐會				2,000	850	1,700,000	50	100,000	900	1,800,000
酒會				1,200	200	240,000	120	144,000	320	384,000
外燴				2,000	950	1,900,000	50	100,000	1000	2,000,000
喜宴				180,000	1800	324,000,000	200	36,000,000	2000	360,000,000
小計				185,200	1770	327,840,000	196	36,344,000	1966	364,184,000
總計				300,400	1456	437,336,000	147	44,164,000	1603	481,500,000
銀河酒吧 Snack&Drinks		2.00	150	54,750	120	6,570,000	325	17,793,750	445	24,363,750
75 總計		2.00	150	54,750	120	6,570,000	325	17,793,750	445	24,363,750
大廳酒吧 Snack&Drink		2.40	120	43,800	80	3,504,000	180	7,884,000	260	11,388,000
50 總計		2.40	120	43,800	80	3,504,000	180	7,884,000	260	11,388,000
夜總會 Snack&Drinks		1.72	250	91,250	100	9,125,000	400	36,500,000	500	45,625,000
145 總計		1.72	250	91,250	100	9,125,000	400	36,500,000	500	45,625,000
1005 飯店總計				1,280,425	856	1,096,543,207	149	190,876,210	1005	1,287,419,417

3. **來客數**：即每日到餐廳用餐的顧客數，以總來客數÷年度總營業日數。

4. **總客數**：即1-12月每月之總客數之總和。

5. **均消／人**：餐點類的均消＝食品收入÷總客數，飲料類的均消＝飲料收入÷總客數。

6. **餐點收入**：即1-12月每月之餐點收入之總和。

7. **飲料收入**：即1-12月每月之飲料收入之總和。

8. **總收入**：即食品收入加飲料收入之總額，是該餐廳之餐飲總收入。

二、預算編製的比較

餐飲營收預算的編列除了上述說明之外，還可以加上不同比較數據予以對照。例如：去年同期的營收數據，包括客數、食品收入、飲料收入及總收入等，每月的預算與年度預算都可以增加欄位予以比較，甚至加入一欄增加或減少幅度的百分比％，讓數字的呈現更加清楚。

在實際營運中，每月餐飲營收分析報表，通常都會增加更多的比較數據，作為營運狀況的對照。實際收入對照預算收入，實際收入對照去年同期，實際收入對照預測收入，當實際營收數字接近或是超越時，表示營運狀況良好，有差異又落後時，代表營運狀面臨挑戰或是有問題，這時就需要餐飲部門好好思考對策了。

第二節　餐飲成本與成本率

一、餐飲成本與成本率的設定者

餐飲成本應該設定在多少百分比％較為合理，這個問題見仁見

智，而且不同的餐飲形式，其成本率自然有所不同，我們應該回顧第六章菜單設計並一起討論。餐飲成本與定價策略有很大的關係，單點式菜單、套餐菜單與自助餐式菜單的成本結構有很大差異。因此，必須訂定一個適合其餐飲形式，與符合其競爭策略的成本率，方能有效檢視其經營成效。

1. 責任者：餐飲成本與成本率的設定責任人是餐飲部協理，他需要以各餐廳的菜單與供餐形式來定調，並以競爭對手的價格作為思考方向，佐以目前市場的趨勢做整體衡量，來決定其餐飲成本與成本率。當然他也可以與主廚及餐廳經理共同討論，或一同做出決策。

2. 執行者：餐飲成本與成本率的執行者是各餐廳的主廚與經理，再運用成本控制系統，透過所有員工去達成所訂定的目標。

3. 稽核者：成本控制室為成本之主要稽核單位，收入稽核為餐飲收入之主要稽核單位。成本控制人員應該常常到餐廳廚房巡視，了解整個運作情形，是否有浪費或不當之處，此外，也應該常常到各餐廳用餐，了解各餐廳之餐點菜餚，是否符合標準配方表之設定，其品質有無問題？

二、餐飲成本與成本率的範圍

上一節有提過不同的餐飲形式，其成本率須要有所不同，因此應該如何訂定各餐廳的成本率，可以下列之經驗值做為參考：

西餐 → 單點菜單：28～32%

西餐 → 套餐菜單：26～30%

西餐 → 茶會菜單：25～28%

中餐 → 單點菜單：33～38%

中餐 → 套餐菜單：30〜35%

中餐 → 宴會菜單：28〜32%

日式 → 單點菜單：28〜32%

日式 → 套餐菜單：26〜30%

泰式 → 單點菜單：28〜32%

無國界 → 自助百匯：35〜40%

創意料理 → 套餐菜單：30〜35%

第三節　宴會廳年度預算編列

一、餐飲部門最大的營收與利潤來源

　　由於宴會廳之特殊性，在年度預算編列上，有必要專門替宴會廳做專節的介紹。宴會廳的收入是餐飲部門最大的營收區塊，因此，宴會廳的淡季就是餐飲部門的淡季。另外，由於宴會廳的人力編制雖然很大，但是臨時工（所謂PT）的需求量更大，平常客滿時會用到60人以上的PT，若有大型外燴時，更會動用到1、2百人的PT。這些大量的PT替宴會廳節省了龐大的人事開銷，再加上宴會廳有各式各樣的餐會形式，其成本結構也相對較低，例如會議之咖啡茶點、雞尾酒會的餐點、中西式的婚宴、公司餐會、外燴……等，整體而言，宴會部的部門利潤要比其他餐廳來得高，說它是餐飲部門最大的營收與利潤來源一點都不爲過。

　　宴會廳沒有固定座位，是以空間的利用爲主，因此容納人數會因爲餐飲形式的不同而有差異。以JJ國際大飯店之宴會廳爲例，列表11-3如下：

二、空間規劃

表11-3　宴會廳空間規劃圖

廳　名	空間坪數（m²）	餐飲形式	容納人數	備　註
國宴廳 Grand Ball Room	305 坪 /1,006m²	中式喜宴 / 餐會	100 桌 / 1,200 人	A＋B＋C 三廳合併
		西式喜宴	800 - 1,000 人	
		茶會	1,000 - 1,200 人	
		酒會	1,000 - 1,200 人	
		會議	1,800 人	
鳳凰廳 Ball Room A	180 坪 /594m²	中式喜宴 / 餐會	60 桌 / 700 人	
		西式喜宴	500 - 700 人	
		茶會	600 - 700 人	
		酒會	600 - 700 人	
		會議	1,080 人	
凱旋廳 Ball Room B	65 坪 /215m²	中式喜宴 / 餐會	25 桌 / 300 人	
		西式喜宴	180 - 250 人	
		茶會	200 - 300 人	
		酒會	200 - 300 人	
		會議	350 人	
香檳廳 Ball Room C	60 坪 /198m²	中式喜宴 / 餐會	20 桌 / 200 人	
		西式喜宴	200 - 220 人	
		茶會	200 - 250 人	
		酒會	200 - 250 人	
		會議	300 人	

　　除此之外，外燴沒有空間的問題，小到10人，大到5千人以上，都可能會發生，餐飲形式多為中西式餐會、酒會、自助餐與套餐等。因此，宴會廳沒有座位數、週轉率，只有平均消費額、總客數、食品與飲料收入。餐期的部分改成：一般餐飲、會議餐飲、酒會、喜宴與外燴。

　　此外，宴會廳的淡旺季有明顯落差，生意最好的月份為，1、2、3、10、11、12月等，農曆7月為傳統淡季，幾乎只有平時月份的三

成生意，因此，人力的調度彈性極大。在中餐與西餐形式的生意分配上，中餐佔了七成以上，其中中式喜宴又佔了六成以上，西餐的需求顯得相對較弱，這與中國人宴飲習慣有關，喜慶婚宴還是喜歡中式圓桌呢！

第四節　預算編製的限制

真正的預算編製，當然並不只是營收部分而已，這是一種損益預算，其中還需包括人事費用、重製費用、其他費用、備品費用、能源費用、行銷費用、管理費用、甚至到後段的折舊攤提⋯⋯等。損益報表可以呈現最後真正的淨利（或淨損）。然而完整的預算編製是屬於整體飯店的預算，從人事費用到最後折舊攤提這些數字，都是財務部與各相關部門主管必須共同討論確定的，因此它是財務部所需要完成的，

成本控制室只負責協助餐飲部，做到營收預算即可。當然，在預算編製期間，各餐廳經理、餐廳長、宴會部經理、主廚與餐飲部協理會對所有數字進行討論，包括討價還價，單位主管希望預算低一些，餐飲部主管希望高一些⋯⋯。即使餐飲部內部已經達到共識，決定好下一年度的預算，可是送到總經理那裡可能被要求提高一些，送到董事會那裡又會被要求多一點，改了再改，等到定案，可能已經12月初了。

第五節　餐廳營收預測

預算等同於目標，是努力的方向，有時也是做為績效獎金（紅利）計算的基礎。JJ國際大飯店訂有績效獎金制度，也採取利潤中心

制度，當月份如果該餐廳達到預算目標，就有一定百分比之績效獎金，各餐廳標準不一。不過有句話說：「計畫趕不上變化！」，在高度競爭的餐飲市場充滿變數，市場外力干擾因素多，例如2003年的SARS事件，造成餐飲市場的急凍，有三個月時間幾乎沒有生意，又例如2008年開放陸客來台，造成許多飯店生意激增，這種影響過於巨大，非原先制定預算時能夠預見到。

因此，飯店的預算乃設有「營收預測」的機制，做為原先預算的近期修正，以期符合現況與期待。做法為每個月底提出修正下三個月之預算，其格式可與現行之預算表相同，但需註明為未來三個月之預測版，或是將未來三個月之預測同時放入一個格式內。

請詳表11-4未來三個月營收預測：

第六節　餐飲部駐外單位

一、外點的設置與預算編列

傳統的飯店有外燴的服務，並無所謂駐外餐飲服務單位，但是現在有一些飯店已開始拓展「外店」的生意，其中首開先河的飯店當推前希爾頓大飯店。其於1990年先於新光三越南西店B1設咖啡蛋糕專櫃，後又於天母大葉高島屋設櫃，1994更標下台北國際會議中心之餐飲服務據點，1995承攬台北市政府B1之大型餐廳……等。另外福華飯店、國賓飯店、君悅大飯店與亞都麗緻飯店……等，也陸續進駐各大百貨公司與機關設點，晶華飯店更以BOT案，重建故宮之上林賦，以故宮晶華名義經營餐飲服務。

範例 表11-4　JJ 國際大飯店

成-23

餐飲收入三個月預測表　Forecast

年：2013

月：Aug 天數：31	Date 2013/7/28			食品收入		飲料收入		八月 總餐飲收入		九月 總餐飲收入		十月 總餐飲收入	
	周轉率	客數/每天	總客數	均消/人	餐點收入	均消/人	飲料收入	均消/人	總收入	均消/人	總收入	均消/人	總收入
Brasseries 180													
早餐	0.86	155	4,805	450	2,162,250	5	24,025	455	2,186,275	450	2,015,000	450	2,000,000
午餐	0.56	100	3,100	880	2,728,000	25	77,500	905	2,805,500	880	2,600,000	895	2,400,000
下午茶	0.67	120	3,720	580	2,157,600	0	-	580	2,157,600	580	1,519,000	580	1,600,000
晚餐	0.72	130	4,030	980	3,949,400	50	201,500	1030	4,150,900	980	4,420,000	1010	4,500,000
消夜	0.28	50	1,550	460	713,000	20	31,000	480	744,000	460	516,150	454	685,320
總計	3.08	555	17,205	681	11,710,250	100	334,025	781	12,044,275	656	11,070,150	656	11,185,320
牛排館 100													
午餐	0.80	80	2,480	820	2,033,600	120	297,600	940	2,331,200	820	2,103,210	812	2,312,000
晚餐	0.95	95	2,945	1200	3,534,000	450	1,325,250	1650	4,859,250	1200	4,725,321	1210	5,230,420
總計	1.75	175	5,425	1026	5,567,600	299	1,622,850	1325	7,190,450	1040	6,828,531	1040	7,542,420
霞飛邸 100													
午餐	0.70	70	2,170	780	1,692,600	50	108,500	830	1,801,100	780	1,324,512	785	1,236,900
晚餐	0.65	65	2,015	1020	2,055,300	120	241,800	1140	2,297,100	1020	2,453,210	1040	2,297,100

總計	1.35	135	4,185	896	3,747,900	84	350,300	979	4,098,200	907	3,777,722	907	3,534,000
紅樓 110　午餐	0.68	75	2,325	685	1,592,625	50	116,250	735	1,708,875	685	1,236,520	700	1,400,000
晚餐	1.00	110	3,410	950	3,239,500	130	443,300	1080	3,682,800	950	3,325,000	1020	3,500,000
總計	1.68	185	5,735	843	4,832,125	98	559,550	940	5,391,675	833	4,561,520	833	4,900,000
泰荷餐廳 90　午餐	0.89	80	2,480	680	1,686,400	20	49,600	700	1,736,000	680	1,500,000	690	1,420,000
晚餐	1.33	120	3,720	720	2,678,400	80	297,600	800	2,976,000	720	3,000,000	725	3,000,000
總計	2.22	200	6,200	704	4,364,800	56	347,200	760	4,712,000	702	4,500,000	702	4,420,000
Genj 80　午餐	0.75	60	1,860	960	1,785,600	120	223,200	1080	2,008,800	960	1,500,000	960	1,500,000
晚餐	0.81	65	2,015	1500	3,022,500	180	362,700	1680	3,385,200	1500	3,500,000	1550	3,600,000
總計	1.56	125	3,875	1241	4,808,100	151	585,900	1392	5,394,000	1277	5,000,000	1277	5,100,000
翡冷翠 75　午餐	0.67	50	1,550	750	1,162,500	20	31,000	770	1,193,500	750	720,000	760	750,000
晚餐	0.80	60	1,860	1240	2,306,400	240	446,400	1480	2,752,800	1240	1,852,000	1250	1,800,000
總計	1.47	110	3,410	1017	3,468,900	140	477,400	1157	3,946,300	1016	2,572,000	1016	2,550,000
客房餐飲服務　收入／合計		52	1,612	765	1,233,180	80	128,960	845	1,362,140	850	1,423,526	842	1,295,462
Mini Bar　收入／合計		0	-	0	326,452	0	845,624	0	1,172,076	0	1,203,452	0	1,302,345

宴會廳	項目													
	會議餐飲			500	280	140,000	50	25,000	330	165,000	280	152,000	300	158,500
	一般餐會			4,200	880	3,696,000	50	210,000	930	3,906,000	880	3,820,000	895	3,200,000
西廚	酒會			450	520	234,000	120	54,000	640	288,000	520	300,000	550	320,000
	外燴			600	1250	750,000	150	90,000	1400	840,000	1250	900,000	1250	920,000
	喜宴			1,500	1720	2,580,000	120	180,000	1840	2,760,000	1950	4,520,000	1950	6,500,000
	小計			7,250	1021	7,400,000	77	559,000	1098	7,959,000	950	9,692,000	950	11,098,500
中廚	一般餐會			4,000	850	3,400,000	50	200,000	900	3,600,000	850	3,600,000	845	4,000,000
	酒會			450	200	90,000	120	54,000	320	144,000	200	150,000	200	182,000
	外燴			400	950	380,000	50	20,000	1000	400,000	950	500,000	925	550,000
	喜宴			12,000	1580	18,960,000	200	2,400,000	1780	21,360,000	2000	29,850,000	2000	35,203,000
	小計			16,850	1355	22,830,000	159	2,674,000	1514	25,504,000	1770	34,100,000	1770	39,935,000
	總計			24,100	1254	30,230,000	134	3,233,000	1389	33,463,000	1456	43,792,000	1456	51,033,500
銀河酒吧	Snack&Drinks	2.00	150	4,650	120	558,000	325	1,511,250	445	2,069,250	448	2,153,624	438	2,045,623
75	總計	2.00	150	4,650	120	558,000	325	1,511,250	445	2,069,250	448	2,153,624	438	2,045,623
大廳酒吧	Snack&Drinks	2.40	120	3,720	80	297,600	180	669,600	260	967,200	268	1,020,530	270	1,052,342
50	總計	2.40	120	3,720	80	297,600	180	669,600	260	967,200	268	1,020,530	270	1,052,342

夜總會

Snack&Drinks 145	1.72	250	7,750	100	775,000	400	3,100,000	500	3,875,000	512	4,231,200	514	4,421,520
總計	1.72	250	7,750	100	775,000	400	3,100,000	500	3,875,000	512	4,231,200	514	4,421,520
飯店總計 1005			87,867	819	71,919,907	157	13,765,659	975	85,685,566	1102	92,134,255	1135	100,382,532

外店的經營形式不同，需受限於場地，費用的計算也與飯店內不一樣，成本的控制循環亦自不同。設於百貨公司，像「專櫃」形式的咖啡廳，由於量體較小，所有食品餐點，幾乎都由飯店供給，因此，飯店就像是一個中央廚房，所販售的商品都由飯店製作好，再由司機送去。這裡所用的訂貨表單需由成控室重新設計。外店每天填寫訂貨單，當司機送貨時再予以點收。其成本的計算，則根據所有餐點的「標準成本」而來。

茲以表11-5外店訂貨單格式及表11-6外店專用餐點簽收暨退回單說明：

二、訂貨單格式

表11-5　ＪＪ國際大飯店　　　　　　　　　　　　　　　　　　成-61

外店專用餐點訂單

外店：□遠東寶慶咖啡廳　　　　　　　　　　□新光A8咖啡廳
　　　□台鐵2F咖啡廳　　　　　　　　　　　□國家音樂廳

訂貨日期：　　　　　　　　　　　送貨日期：
　　　　　　　　　　　　　　　　　　店長：

品項	數量	品項	數量	品項	數量
西廚類餐點		點心房蛋糕類		點心房其他類	
西廚類餐點		點心房蛋糕類		點心房其他類	
西廚類餐點		點心房蛋糕類		點心房其他類	
西廚類餐點		點心房蛋糕類		點心房其他類	
西廚類餐點		點心房蛋糕類		點心房其他類	
西廚類餐點		點心房蛋糕類		點心房其他類	
西廚類餐點		點心房蛋糕類		點心房其他類	

表11-6

表11-6 *jj* 國際大飯店　　　　　　　　　　　　　　　　　　　　　成-62

外店專用餐點簽收暨退回單

外店：□遠東寶慶咖啡廳　　　　　　　　□新光A8咖啡廳
　　　□台鐵2F咖啡廳　　　　　　　　　□國家音樂廳
送貨日期：　　　　　　　　　　訂貨日期：
廚房：□西廚　　　□點心房　　　　　　店長：

品項	送貨數量	點收數量	品項	送貨數量	點收數量	備註
西廚類餐點			點心房蛋糕類			
西廚類餐點			點心房蛋糕類			
西廚類餐點			點心房蛋糕類			
西廚類餐點			點心房蛋糕類			
西廚類餐點			點心房蛋糕類			
西廚類餐點			點心房蛋糕類			
西廚類餐點			點心房蛋糕類			

　　此外，當有特殊蛋糕的預定時，則使用飯店「蛋糕訂購單」表格即可。

三、寄賣品項

　　寄賣品項是由於寄售單位，為了打進銷售通路，而採取的一種手法，通常多為進口商品。所謂寄賣就是供應商先提供商品擺在銷售點，訂定雙方可以接受的利潤百分比，在一個期間內若賣得好可以追加進貨，等到月底結帳時，供應商再來與外店主管與會計人員一同做盤點，看總共賣出多少，再辦理進貨驗收，進入付款程序。盤點表格可以使用倉庫之盤點差異計算表（成-43），打上寄賣品項，略作調整即可。請詳表11-7寄賣商品盤點表（成-63）

表11-7　*jj* 國際大飯店　　　　　　　　　　　　　　　成-63

寄賣商品盤點表

單位：_____　　　　　　　期間：____年____月____

編號	品項	帳上數量	實際盤點數量	差異數	單價	金額	備註
Xxx000							
	合計						

供應商：_____　　單位管理人：_____　　成本控制主管：_____

寄賣對於銷售點來說有以下好處：

1. 不須有成本負擔。
2. 不須擔心商品過期。
3. 沒有庫存壓力。
4. 食品安全責任在供應商。
5. 增加產品之多樣性。

但相對的寄賣商品的利潤可能會較低，尤其在百貨公司的租金，都是採取包底抽成的方式，租金是以銷售額的百分比%抽成，利潤空間會較低。另外也要注意商品的保存，防止失竊！

四、大型駐外單位

大型駐外單位其實就像一個獨立的個體，一個餐飲部，所有的做法流程與標準，應與飯店內餐廳或宴會廳相當。只是採購的部分，統一由飯店集中採購。單位內可以設有驗收人員、倉庫管理人員、出納人員甚至工程維修人員，餐飲成本控制循環也與飯店的做法一致。

因此，年度餐飲預算的編列，與飯店餐飲部的做法雷同，因為大型駐外單位有著相同的宴會與外燴特性，既有固定餐廳又有宴會廳。茲以JJ國際大飯店為例，編列「駐外單位餐飲服務年度預算表」請詳表11-8駐外單位餐飲服務年度預算表

範例　　　　　　　　　　　　　　　　　　　　　　　　　　成-01-外

表11-8　**jj** 國際大飯店

駐外據點-餐飲收入預算表 Revenue Budget of Outside Operations
年：2015

Date: 2014.11.20

Jan -Dec						食品收入		飲料收入		總餐飲收入	
遠東寶慶咖啡廳		座位數	周轉率	客數/每天	總客數	均消/人	餐點收入	均消/人	飲料收入	均消/人	總收入
	餐點			180	65,700	165	10,840,500	10	657,000	175	11,497,500

Jan -Dec					食品收入		飲料收入		總餐飲收入	
遠東寶慶咖啡廳	座位數	周轉率	客數/每天	總客數	均消/人	餐點收入	均消/人	飲料收入	均消/人	總收入
總計			180	65,700	165	10,840,500	10	657,000	175	11,497,500
新光 A8 咖啡廳										
餐點			225	82,125	180	14,782,500	20	1,642,500	200	16,425,000
總計			225	82,125	180	14,782,500	20	1,642,500	200	16,425,000
台鐵 2F 咖啡廳										
餐點			250	91,250	150	13,687,500	15	1,368,750	165	15,056,250
總計			250	91,250	150	13,687,500	15	1,368,750	165	15,056,250
國家音樂廳										
午餐 Buffet	80	0.81	65	23,725	555	13,167,375	0	-	555	13,167,375
晚餐 Buffet	80	1.31	105	38,325	650	24,911,250	0	-	650	24,911,250
總計	110	1.55	170	62,050	614	38,078,625	0	-	614	38,078,625
國際會議中心										
咖啡小站	110	0.55	60	21,900	80	1,752,000	60	1,314,000	140	3,066,000
椰林西餐廳	110	0.73	80	29,200	420	12,264,000	10	292,000	430	12,556,000
會議餐飲			33	12,000	200	2,400,000	0	-	200	2,400,000
酒會			16	6,000	400	2,400,000	0	-	400	2,400,000
一般餐會			104	38,000	800	30,400,000	30	1,140,000	830	31,540,000
喜宴			308	112,300	1520	170,696,000	120	13,476,000	1640	184,172,000
總計			461	168,300	1223	205,896,000	87	14,616,000	1310	220,512,000
外店總計				469,425	603	283,285,125	39	18,284,250	642	301,569,375

名詞解釋

1. 目標市場（Target Market）：指餐廳最重要的消費客群。

2. 市場定位（Market Positioning）：市場定位乃針對選定的目標市場，提供最適切的價位與服務。

3. 臨時工（part-timer; PT）：臨時工多為學生，以工時計薪，有固定 PT，也有臨時 PT。

4. 外燴（Outside Catering）：即到顧客指定的場所提供餐飲服務，傳統外燴業者為「辦桌」，都以中餐為主，飯店目前也多有開辦外燴業務，由宴會部負責。

5. 重置費用（Provision operating equipment）：由於營業器皿（磁器、金屬、玻璃等餐具）容易破損，需要不定期補充，為了讓費用不至因當月採購，便一次做成費用，使得當月費用偏高。因此將營業器皿費用化，即每月平均攤提，當某月份有採購營業器皿（OE-operating Equipment）時，再去沖帳，如此可避免費用起伏過大！

6. 人事費用（Personnel Expense）：除了薪資外，包括勞健保費、制服、員工餐、年終獎金、教育訓練、員工旅遊……等各種員工福利皆屬之。

7. 其他費用（Other Expense）：包括營業器皿、音樂娛樂、菜單、裝飾與花、制服、洗衣費、器具、消耗備品、印刷與文具、燃料、雜項……等。

8. 備品費用（Supplies Expense）：指各式消耗性的備品如：餐巾紙、牙籤、濕紙巾、外帶紙杯紙盒……等。

9. 能源費用（Energy Expense）：指水電費、瓦斯費、汽柴油等。

10. 行銷費用（Marketing Expense）：指因應行銷計畫所花費的各種廣告與活動宣傳之費用。

11. 管理費用（Management Expense）：指行政管理之費用，包含行政主管人員與後勤支援部門之所有人事費用。此費用需由各營業部門分攤。

12. 折舊攤提（Depreciation）：指資產依使用年限逐年攤提其原購金額。

13. 利潤中心制度：以各營業單位（餐廳、宴會廳）為一獨立單位，計算其損益，根據損益而設置獎勵制度。

14.營收預測（Forecast）：為了更貼近市場現況，而提出下三個月之營收預測，與預算之編列一樣，但因為不是預算，故稱之為營收預測。

成控主管聯誼會（A CC Fraternity）

　　Alex 接手成控室已經一年多了，這一年來他學習到很多事務，不單只是成本控制與分析，事實上餐飲管理的精隨也在其中。有一回，餐飲部協理請他幫忙做一個台北五星級飯店採購價格、餐廳營收與成本的比較表，這件事比較棘手，因為不是每家飯店都願意分享自己的資訊，有時它是一種商業機密。他向財務長報告此事，並提議他將組成飯店成控主管聯誼會，以利以後資訊的交流。財務長說他們也有同業間的財務長定期聚會，有些資訊可以分享，於是也贊同Alex的提議。

　　每一家飯店其人文特質，企業文化不盡相同，台灣大部份的飯店都是由建設公司業主轉投資所建，在經營管理上會因老闆的個性而有所不同。像有一家頗為賺錢的飯店，自己還有棒球隊，他們的作風就很保守，相對低調。對應於由國際集團經營的飯店，因為是由專業經理人負責管理，其作風就比較開朗，較能接受業界間的交流與分享。後來為了能讓較多的人參與，他發起以聯誼餐會的形式，邀請其他飯店的成控主管共同參加。在聯繫的過程中，他慢慢知道了其他飯店的成控人員。

　　經過一番聯繫之後，終於有八家飯店的成控人員有意願參加聯誼會。於是他向財務長報告，第一次的餐會就辦在JJ自家飯店，並請財務長到場致意。這場餐會進行的相當順利，所有的人都是第一

次見面，Alex在聯繫的過程，也未曾見過其他人。大家相互認識並介紹自己飯店的成控作業流程，有許多做法大同小異，但也有一些差異之處，有的飯店積極涉入成本控制流程，也有飯店較為消極，只做被動的成本記錄而已。大家討論到每月成本報表時，有些飯店所需提供的種類頗多，但也有些飯店相對簡略，這會因為飯店的經營理念而異。

　　餐會之後，透過許多溝通與說明，Alex終於提出第一份的飯店採購價格、餐廳營收與成本的比較表，這份比較分析表有7家參與的飯店，其中還從財務長與採購部經理那裡得到一些幫助，他也將這份報表分享給參與的飯店。當餐飲部協理Gorde拿到這份報表後，非常滿意，他說：這讓他更能知己知彼，掌握現況。

學習評量

1. 餐飲部年度營收預算編制的目的？
2. 餐飲部年度營收預算編制的原則為何？
3. 何謂餐廳營收預測？
4. 何謂利潤中心制度？
5. 請說明「周轉率」與「平均消費額」。
6. 宴會廳之人事費用為何比一般餐廳低？

第十二章

資訊系統與成本分析

第一節 資訊系統的演進

在電腦資訊系統尚未廣泛應用之前，早年都是用人力，處理各式各樣的表格與帳單，尤其財務會計系統，更是需要大量的人力。隨著資訊科技產業（Information Technology）的發展，因應產業需求而開發出來的各種電腦資訊軟體，已逐漸取代人工，讓管理系統的運作與處理更有效率。

一般而言，飯店內的管理系統（PMS- Property Management Systems）有前台系統與後台系統，大致可有如下區分：

1. 前台系統：訂房系統、登記系統、房客帳務系統、房務系統、排房系統、顧客歷史系統、商務系統、夜間稽核、餐廳POS系統、營運分析等。

2. 後台系統：財務會計管理系統、採購庫存系統（進銷存）、人力資源系統固定資產系統等。其中財務會計管理系統包括：收入稽核、應收帳款、應付帳款、薪資、總帳管理、出納、成本控制……等。

現在就讓我們看看飯店資訊系統的演進：

1. NCR時期 餐廳系統

是最早期的電腦收銀系統，此系統是由-John H. Patterson 創立National Cash Register Company，在1884年製造了第一部機械式收款機。

(1) 1906年：Charles F. Kettering 設計了世界上第一台電動收款機。

(2) 1982年：第一台超微電腦NCR Tower問世，NCR成為第一家引進行業標準及開放系統的先驅。

2. IBM時期：系統34＆系統36

1977年IBM發表系統 3031大型電腦及系統 34型電腦，此系統為早

期的會計過帳資料輸入系統（posting），由於功能較有限，不久即被其他系統取代。但是IBM的電腦事務機器、終端機等穩定性高，仍然被持續使用。

3. HIS時期：HIS系統

是由飯店資訊系統有限公司（Hotel Information Systems，簡稱HIS）於1977年成立，總部位於美國洛杉磯，目前是美國上市公司「MAI Systems Corporation」。約1980年希爾頓、華國率先採用此系統，一樣有分為前台與後台系統，曾經廣為世界飯店業者採用，但目前多數已更改為其他系統。

HIS系統原採用多使用者系統，名稱為Paragon System，主機採用IBM AS400小型機，數據庫採用DB2，多用於五星級大飯店。

4. Micros - Fidelio時期：Micros - Fidelio系統

此系統是由Fidelio Software GmbH於1987年10月在德國慕尼黑成立，其後併入美國Micros System Inc公司。現在已躍居世界飯店管理系統之首，有超過二萬多家飯店採用。Fidelio在台灣的飯店界廣泛使用的模組為前台（櫃台）系統，以及業務訂席（Sales & Catering）模組，雖然Fidelio還有財務會計模組，但在台灣因為會計作業的緣故，較少飯店使用。

多數使用Fidelio的飯店，其餐廳大多使用POS「Micros」，Micros的餐飲管理系統從餐廳點單、廚房食譜、銷售分析、成本分析乃至成本控制，對經營管理者來說，確實是一套不錯的系統。另外還有一套叫做Infrasys的POS系統，目前也被廣泛使用。

Fidelio從早期的DOS系統演進到Window系統，也歷經了多次改版。後來Micros公司在既有的基礎上，推出更新的系統OPERA，它包含了：

⑴OPERA前台管理系統（OPERA Property Management System（OPERA PMS））

(2)銷售宴會系統（OPERA Sales & Catering（OPERA S&C））

(3)物業業主管理系統（OPERA Vacation Ownership System（OVOS））

(4)工程管理系統，以及中央預定系統（OPERA Reservation System）

(5)中央客戶資訊管理系統（OPERA Customer Information System）

(6)營收管理系統（OPERA Revenue Management）

其中 OPERA 前台管理系統是其核心部分，簡稱OPERA PMS。

5. Sun System時期：Sun System系統

Sun Systems是英國聯合系統（Systems Union）公司所開發之財務會計管理系統（後台系統）。Sun Systems是一個可延展、多語言的開放系統平台，其核心是一個整合的總分類帳，將總帳、應收和應付帳款、存貨管理、各明細分類帳、現金帳及用戶定義的帳目，有效的整合在一起。Sun Systems可分為(a)Sun Account：含總帳、應收應付、外幣、固定資產。(b)Sun Business：含進貨、銷貨及庫存這兩種系統。成本控制即是屬於(b)Sun Business。

因應各種類型帳務處理，前後台系統眾多，茲列出中英文名稱如下：

PMS（Property Management Systems）客房管理系統

POS（(F & B)P.O.S. Management System）餐飲點菜管理系統

BQM（Banquet Management System）訂宴／會議管理系統

Club（Member Management System）會員／俱樂部系統

SPA（SPA. Management System）溫泉湯屋／SPA管理系統

GLM（General Ledger System）總帳管理系統

IVM（Inventory Management System）進銷存管理系統

PRM（Purchasing & Request System）採購管理系統

CCM（Cost Control System）成本控制系統

HRM（Human Resource Management）人力資源管理系統

ASM（Fix Asset Management System）固定資產管理系統

S&C（Sales & Catering System）銷售宴會系統、

OVOS（Vacation Ownership System）物業業主管理系統

CRS（Central Reservation System）中央訂房系統

CIS（Customer Information System）中央客戶資訊管理系統

RMS（Revenue Management System）營收管理系統

第二節　成本控制系統的改變

　　資訊電腦化帶來革命性的改變，許多以前依賴人力的作業，慢慢已被電腦取代，以前大量使用人力做帳的會計部門，也已經大幅精簡了。JJ國際大飯店的財務部就從當初設立時的80多人，到目前只剩約20多人。就以計算方式的演進而言，從算盤的操作到計算機的使用，演進到現在利用試算表軟體做運算與帳務處理，更加的精確有效率。

　　此外，各式會計表單的使用，也已經漸漸改用電腦格式了，從PC個人電腦的廣泛使用，到新的前後台電腦系統，許多表單已不再使用了，因為e化的結果，帳務處理直接在電腦系統上完成，紙張也省略了。

　　就成本控制而言，財務會計資訊系統並不足以完全取代人工作業，因為在成本分析報告書部分，是需要根據每家飯店的狀況與需求，予以調整設計，提出具有比較、參考價值的分析報表。PC個人電腦的普遍應用，大部分的表單也已經電腦格式化了，運算與文書處理，都在PC上完成，大幅減少人力作業。此外，在新的電腦資訊時代，由於觀念的改變，早期從人工作業方式延續下來的做法，已經被

不斷的修正與調整。再者，飯店的規模也會影響成本控制的做法，大型飯店需要較為周密的成控制度，來協助單位與部門主管做經營管理，組織編制較為龐大。小型飯店則相對簡略，成控工作可能由會計人員兼管，在成控表單的使用上也精省許多。

第三節　未來趨勢

　　資訊系統日新月異，軟硬體的發展更是依照「摩爾定律」不斷演進。以前一套昂貴的軟體系統，在競爭的時代，已經越來越便宜了。

　　例如前台POS系統，現在是百家爭鳴，一套系統幾萬元就可以買到。財務進銷存系統也是如此，再大一些的ERP系統（Enterprise Resource Planning, ERP），未來將會更好用也更便宜。而且可以替各個企業量身訂製，打造更適合每家企業的專用系統。

　　飯店有飯店本身的特性，其財務會計制度自然也有些不同，因此，資訊系統也有屬於飯店業專用的系統。從上述的演變證明，未來將有更多更大的改變，各式各樣的電腦資訊管理系統也會推陳出新，功能越強大，作業越簡化，而價格也將越有競爭力！

　　另外，本地化的發展趨勢，未來管理軟體系統的發展將進入戰國時代，在國內系統業者的耕耘下，其功能性與操作便利性，已足以取代國外系統，費用與後續升級維修服務等更佔有強大優勢，並且還能根據每家飯店的特性，量身打造適合的系統。因此，原來使用國外系統的飯店，相信未來將會逐漸轉而使用國內的資訊管理軟體系統。

名詞解釋

1. 資訊科技產業（Information Technology）：它也被稱為資訊和通訊技術（Information and Communications Technology, ICT），主要用於管理和處理資訊所採用的各種技術總稱。它是應用電腦科學和通訊技術來設計、開發、安裝和實施資訊系統及應用軟體。美國資訊科技協會將資訊科技定義為「對於一個以電腦為基礎之資訊系統的研究、設計、開發、應用、實現、維護或是應用」。

2. 摩爾定律（Moore's Rule）：摩爾定律是由英特爾（Intel）創辦人之一，戈登·摩爾（Gordon Moore）提出，指IC上可容納的晶體管數目，約每隔18個月（另有一說每一年或兩年）便會增加一倍，性能也將提升一倍，在價格不變的情況下。

3. 前台POS系統：即銷售點管理系統，是以收銀出納為主軟硬體系統，收銀人員打入交易，面對顧客做交易或服務操作的界面，POS機目前多以觸控銀幕為主，可連結印表機到各出餐點，尚可連結到後台管理系統。

4. ERP系統（Enterprise Resource Planning, ERP）：稱為企業資源規

劃系統，它是e化企業的後台心臟與骨幹，任何前台的應用系統包括
EC、CRM、SCM等都以它為基礎。它是一個大型模組化、整合性的
流程導向系統，整合企業內部財務會計、製造、進銷存等資訊流，提
升企業的營運績效與快速反應能力。

5. 夜間稽核（Night Auditor）：夜間稽核的工作，是檢核各營業部門及
各收銀點的收銀員、所交來的單據、報表等資料，對這些單據、報表
確實查對，改正錯誤、以確保飯店收入的正確性。目前許多飯店已經
取消夜間稽核，直接由櫃檯處理。

6. 收入稽核（Income Auditor）：收入稽核是飯店對於收入的稽核與控
管的單位，核對所有收入的帳目與現金或信用卡或簽帳。

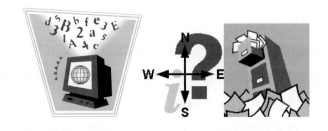

A-story

蘿蔔酥餅一個成本多少？
（How much per Cost of A Turnip cake？）

　　Alex 轉到成本控制室已經接近一年了，工作漸趨順利，對成本
控制這個單位與功能日趨熟悉，與初接任時一知半解的情況，不可
同日而語。這段期間他感到忙碌而充實，尤其又經過中餐廳更名、
換新菜單，咖啡廳更換新菜單等重大工程，對「成本控制」有了深
入一層的認識。

　　為何更換菜單是重大工程呢？因為新的菜單確定之後，主廚必

須製做出所有菜單的標準配方表，以及標準菜餚成本表，再送到成控室，做成本的計算，以了解每一道菜餚餐點的標準成本。這一項作業往往要耗費頗久時間，因為這是純人工作業，配方表上材料的價格，需從採購部所發的最新一期之採購價格確認單中找出來，再經過份量的計價，以算出單一產品的真正成本。

那時並無導入電腦系統來做這個部份，有一天行政主廚Martin（前一任主廚Peter已經離開）對他說，他在英國有看到一個新的電腦軟體，可以將配方表鍵入電腦格式，輸入編號，連結採購部門餐飲貨品的資料庫，即可以自動計算出每一配方的成本。但前提是「重量單位」必須一致，才能自動運算，而且這個軟體有一個好處，每一期採購更新進貨價格，所有成本會自動更新！然而這個軟體只有大型餐飲企業會用，市場不大，所以價格不斐。

聖誕節過後緊接著春節的到來，飯店於年前的某天舉行了「員工晚會」，JJ的員工晚會有一個傳統，先用餐再舉行晚會，比較特別的是所有的部門與一級主管，當天晚上必須充當服務生。員工可以盡情的享用飯店自己料理的美味佳餚，把自己當成顧客，總經理帶頭的服務團隊，則認真上菜來服務自己的員工。Alex還記得進飯店第一年的尾牙，剛好是坐在由總經理服務的桌子，老外總經理還親切的替每位員工分菜、倒酒，這個情景令他印象深刻。吃完晚餐之後緊接著晚會，晚會節目都是由員工自己安排，有表演有競賽，熱鬧精彩，但員工最期待的就是「摸彩」，每個人總希望能摸到董事長的大獎。

說到摸彩，以往每到年底前，每個供應商都會送「摸彩品」，來共襄盛舉，這也是業界常態，或者也是中國人做生意的情面吧。但是今年開始已有不同的氛圍出現，先是總公司集團內部某一單位的採購人員，因被疑有向廠商索賄情事而遭更換，後來飯店採用

Alex的建議，改變供應商送貨流程，到了年底董事會決定，不可以向供應商要摸彩獎品，所有摸彩品由飯店自行購買，改變了行之有年的不成文規定。

當天的餐會Alex與成控部門同仁坐的那桌，剛好是財務長當服務人員，財務長問他工作順利嗎？有沒有什麼問題？Alex回答很好，越來越有心得。剛好外號叫「吳哥」的總經理辦公室企劃專員來敬酒，財務長特別介紹說他也曾經做過成本控制室主任，是你的前輩！吳哥突然問他說：「蘿蔔酥餅一個成本多少？」 Alex回答說：「蘿蔔酥餅一個2.8元」，「哇！比十年前貴了3毛！」

吳哥對財務長說：「他還真不含糊呢！」

學習評量

1. 飯店內的管理系統（PMS-Property Management Systems）可分為幾種？
2. 前台系統包含哪些功能？
3. 後台系統包含哪些功能？
4. 飯店資訊系統的演進大致分哪些時期？
5. 何謂HIS系統？
6. 請敘述Fidelio資訊系統的演進。
7. 對國際大飯店而言，資訊系統帶來哪些改變？
8. 就你的觀點未來資訊系統的趨勢為何？

第十三章
盤點作業

第一節　盤點的意義

一、存貨管理的指標

盤點是結帳作業的第一個環節，盤點的對象可分為食品倉庫與飲料倉庫，以及各營業據點的小倉庫，內場的廚房則為廚房的倉庫，外場的餐廳與酒吧則為小酒庫。盤點最主要的目的是計算出真正的「實際成本」。計算實際成本的公式為：

期初存貨 ＋ 本期進貨 － 期末存貨

因此，存貨即是根據盤點而來，也就是說，沒有盤點即沒有存貨。而盤點的正確性，也會影響存貨的真實性，確實做好盤點工作，計算出真正存貨的價值，更是盤點工作最重要的意義。除此之外，藉由盤點作業，再次檢視所有貨品，可以發現有不良的品項，或是過期等問題，甚至數量上的異常短差，有利於餐飲衛生安全的管理以及問題的預防。

二、盤點工作的設計：

盤點工作需要考量到營業時間與人員的安排，誰該參與誰該負責，需要有確定人員，甚至要安排職務代理人，否則當有問題時，會無法解決。

國際大飯店盤點作業人員安排，大致分類如下：

食品倉庫：食品倉庫管理員Food Store Keeper

食品成本會計員 Food Cost Accountant

成本控制室主管 Food & Beverage Cost Controller

飲料倉庫：飲料倉庫管理員Beverage Store Keeper

飲料成本會計員 Beverage Cost Accountant

成本控制室主管Food & Beverage Cost Controller

各個酒吧：酒吧小倉庫調酒師Bartender

飲料成本會計員 Beverage Cost Accountant

成本控制室主管Food & Beverage Cost Controller

各個餐廳：餐廳經理或副理 Restaurant Manager/Asst. Manager

飲料成本會計員 Beverage Cost Accountant

成本控制室主管Food & Beverage Cost Controller

　　以上區分四類相關參與人員，時間安排則需避開營業的時間，可利用月底當天營業結束時，也可以在月初當天早上尚未營業時。

第二節　倉庫盤點

一、食品倉庫與飲料倉庫

　　食品倉庫與飲料倉庫的盤點，都是在月底當天領發貨結束時，開始進行盤點，一般都是先盤點食品倉庫，再來盤點飲料倉庫。在盤點前要先列印出空白倉庫盤點表（請參考第五章，表5-6（成-30）），食品倉庫的盤點由食品倉庫管理員、食品成控員與成控室主管，一起進行倉庫的盤點工作。可以先從冷藏庫開始盤點，再到冷凍庫、乾貨倉庫，盤點出的每一個品項數量，如實的填寫到盤點表上。飲料倉庫的盤點大致相同。

　　盤點結束後，食品與飲料成控員，分別根據倉庫盤點表（成-30）之實際數量，使用飯店之電腦庫存系統，輸入到盤點差異計算表（請詳表13-1），再將此表列印出來，並檢討其差異情形。細微差異不予

表13-1　　*jj* 國際大飯店　　　　　　　　　　　　　　　　　　　　成-43

倉庫盤點差異計算表
Storeroom Inventory Taking Variation

倉庫／單位：　食品倉庫　　　　　　　　　　期間：　2015/5/1 - 5/31

編號	品名	帳目數	實際盤點數量	差異數	單價	金額	備註

編號	品名	帳目數	實際盤點數量	差異數	單價	金額	備註
	合　計						

倉庫／單位管理人：＿＿＿＿＿＿＿＿　　成本控制主管：＿＿＿＿＿＿＿＿

理會，但是有較大差異時，必須詢問其原因，若有合理解釋則予以備註，若無合理解釋則需要重新盤點一次，以確認是否誤點誤寫。當重新盤點差異都在合理範圍內時，即表示盤點作業已經完成，可以在確認後，再次列印出盤點差異計算表了。盤點差異計算表中的實際盤點數量與金額，即是月底結帳食品與飲料成本調節表中（成-47、成-48），實際成本的數字！

食品倉庫之盤點差異表茲說明如下：

1. 編號：即貨品代號。
2. 品名：即貨品名稱。
3. 帳目數：即帳上該貨品之數量。
4. 實際盤點數量：及實際盤點時所計算出來該貨品之數量。
5. 差異數：即帳目數減（－）實際盤點數量。
6. 單價：即該貨品之平均採購價格（採加權平均法或移動加權平均法）。
7. 金額：即單價乘（×）差異數。

二、倉庫盤點差異報表

做完上述之盤點差異計算表，尚須彙總差異金額，製做一份與上月及去年同期之差異比較表，名為倉庫盤點差異報表」（成-44），倉

庫分爲「食品倉庫」與「飲料倉庫」。

茲以JJ國際大飯店10月份範例說明如下：

1. **帳上庫存金額**：從飯店之電腦庫存系統中，兩大倉庫之帳上庫存金額。

2. **實際盤點金額**：將實際盤點數量輸入飯店之電腦庫存系統中，所計算出來兩大倉庫之庫存金額。

3. **倉庫盤點差異（多／少）**：

   (1) 本月份：即帳上庫存金額減（－）實際盤點金額。

   (2) 上月份：即上個月之倉庫盤點差異金額。

   (3) 去年同期：即去年同月份之倉庫盤點差異金額。

請詳表13-2，此表將編入餐飲成本分析報告書中。

範例　　　　　　　　　　　　　　　　　　　　　　成-44

表13-2　**JJ** 國際大飯店

倉庫盤點差異報表

月份：2015.10.1 - 10.31

食品倉庫盤點分析		
帳上庫存金額		3,922,264
實際盤點金額		3,923,452
倉庫盤點差異（多／少）		
	本月份	-1,188
	上月份	4,231
	去年同期	3,120

飲料倉庫盤點分析		
帳上庫存金額		3,549,642
實際盤點金額		3,552,675
倉庫盤點差異（多／少）		

飲料倉庫盤點分析		
	本月份	3,033
	上月份	2,316
	去年同期	-1,207

三、容器押金報表

在一個會計帳務處理較為完整的飯店，其成本控制制度，會對容器押金有專門的帳務處理。容器押金可能會出現在食品類及飲料類貨品，例如酒瓶、啤酒桶、牛奶箱、特殊食材保鮮盒……等。因此，這些貨品進貨時，其押金是另外計算的，可以把它當成預借品項，等到下一次進貨時，再將空的容器還給供應商，一借一貸不斷延續。所以，每到月底盤點時，也必須盤點有押金之容器，並做成「容器押金報表」（成-45）。茲以JJ國際大飯店10月份範例說明如下：

1.期初盤存：上個月底之期末盤存。

2.本期增加：本期淨增加的容器。

3.本期總額：即期初盤存加（＋）本期增加。

4.期末盤存：即本月底之盤存數額。

5.容器未退回：

　⑴本月份：即本期總額減（－）期末盤存金額。

　⑵上月份：即上個月之容器盤存差異金額。

　⑶去年同期：即去年同月份之容器盤存差異金額。

此表13-3將編入餐飲成本分析報告書中。

表13-3　*jj* 國際大飯店

餐飲容器押金報表

月份：2015年10/1～10/31

食品容器	
期初盤存	229,635
加：本期增加	0
本期總額	229,635
減：期末盤存	229,635
食品容器未退回	
本月份	--
上月份	--
去年同期	--

飲料容器	
期初盤存	59,654
加：本期增加	10,365
本期總額	70,019
減：期末盤存	68,024
飲料容器未退回	
本月份	（1,995）
上月份	（2,685）
去年同期	（2,845）

四、存貨週轉率報表

　　存貨是資產的一種，倉庫的存貨越多，應解讀為資金的羈押越多，所以庫存越少，代表資金的運用越活潑。但是餐飲的營運，需有適當的庫存，才不致造成供應上的短缺，因此，安全庫存量的建立，

最低庫存量的經驗值，都是一種倉庫管理上的成就。而檢視倉庫管理表現之優劣的方法，就是所謂「存貨週轉率」。

週轉率表示一個倉庫的營運效能，週轉率越高代表效能越高，反之則低，就像餐廳之「翻桌率」一般。其計算基礎在於每月進貨發貨的金額，除以期初與期末存貨的平均值。茲以JJ國際大飯店10月份範例說明如下：

    1. **期初存貨**：上個月之期末存貨。

    2. **期末存貨**：本月底所做之實際盤點後之存貨。

    3. **總合期初與期末存貨**：期初存貨1加（＋）期末存貨2。

    4. **平均期初與期末存貨**：總合期初與期末存貨3除以（/）2。

    5. **總發貨數量**：本月倉庫所發出之貨品總額。

    6. **週轉率**：

      ⑴ 本月份：即總發貨數量5除以平均期初與期末存貨4。

      ⑵ 上月份：即上個月之倉庫週轉率。

      ⑶ 去年同期：即去年同月份之倉庫週轉率。

此表13-4將編入餐飲成本分析報告書中。

範例　　　　　　　　　　　　　　　　　　　　　　　　　成-46

表13-4　**JJ** 國際大飯店

存貨週轉率報表

月份：2015年10/1～10/31

食品倉庫盤點	
期初存貨	3,865,423
期末存貨	3,923,452
總合期初與期末存貨	7,788,875
平均期初與期末存貨	3,894,438
總發貨數量	12,524,032

食品倉庫盤點		
	週轉率：本月份	3.22
	上月份	3.12
	去年同期	3.05

飲料倉庫盤點	
期初存貨	3,564,752
期末存貨	3,552,675
總合期初與期末存貨	7,117,427
平均期初與期末存貨	3,558,714
總發貨數量	2,452,362
週轉率：本月份	0.69
上月份	0.65
去年同期	0.62

第三節　各餐飲據點Outlet之盤點

一、盤點的安排

　　大飯店內設有許多餐廳及酒吧，因應餐飲服務的需求，每一個據點都需要有飲料庫存，才能充足供應。據點內的小倉庫也要在每月底進行盤點，才能計算出實際成本。目前多數飯店都只做飲料類盤點，各餐飲據點（酒吧與餐廳）之小酒庫，根據排定之盤點時間（通常是月初第一天一大早，搶在中午營業之前做完各據點小酒庫之盤點，由各點負責人、飲料成控員、成控室主管會同做實際盤點。

　　以上所描述的盤點並沒有廚房的食品盤點，表示這家飯店不做廚房盤點，每個月廚房的直接進貨與從倉庫領取的貨品，都是當月的

食品成本。不過廚房盤點有實務上的困擾，因為盤點是所有貨品都要做，還是只有尚未使用的貨品做盤點，這之間有許多模糊空間。在備料過程中，有些餐點料理需要預先處理，或是做成醬汁備用，或是湯品備用。這些半成品要盤點還是不需要？有時數量大會覺得需要盤點，數量少時又會覺得不需要，即使訂定盤點標準，仍會因為成本高低的考量，與人為因素而受到干擾。

二、廚房盤點的優缺點

如上節所敘述的情況，廚房要不要做盤點，需視飯店的理念與會計制度的設計而定。然而目前飯店的多數作法，並不做廚房的食品盤點。不做盤點的處理方式有其利弊，茲分述如下：

利：簡化作業流程，減少人力負擔，帳務處理簡單快速。

弊：缺乏彈性空間，對實際成本有其影響，例如，月初有大型餐
　　會預定，在月底將會備料，這會造成當月成本偏高，不符合
　　會計原理。此外，因為盤點本身就是一種查核，不盤點等於
　　減少一次對食品的檢查，對貨品的管理較不理想。

不過上述情況並不會經常發生，時間久了自然會形成經驗值，只是廚房若有做盤點作業，在成本的處理上，比較會有人為處理的彈性空間！

名詞解釋

1. 加權平均法（Weighted Average）：加權平均法就是對領用原物料的計價在月末一次平均計算其價值，也稱全月一次加權平均法。

2. 移動加權平均法（Weighted Moving Average）：此種方法，在每次購入原物料時，都需要重新計算一次平均單價。

3. 存貨週轉率（Turnover Ratio）：週轉率表示一個倉庫的營運效能，

週轉率越高代表效能越高，反之則低。

4. 容器押金（Container Deposit）：是指某些貨品在購入時會有容器裝載，這些容器因為要回收再次使用，所以含有押金。

5. 啤酒桶（Beer Barrel）：啤酒桶本身即是含有押金的一種容器。

6. 半成品：是指廚房在前處理階段，有些材料已經做成再加一個步驟即可供應的產品，例如尚未裝飾的蛋糕、醬汁。

盤點的故事（Inventory Taking）

盤點是結帳的第一件事情，倉庫盤點完畢，才能進入結帳的作業，後續才能製作成本分析的報告書。食品與飲料倉庫在月底當天就已經盤點完畢，第二天早上，才開始盤點各個分吧，所謂分吧就是各個酒吧／與有賣葡萄酒的餐廳，這些分吧都設有小倉庫，而且只做飲料／酒類的盤點。Alex第一次與Judy（飲料成控員）到各分吧去做實際盤點時，面對著許多第一次看到的酒名，真是眼花撩亂，尤其是法國葡萄酒，連名字都不知怎麼唸。後來經過幾次盤點，他對葡萄酒產生了濃厚的興趣，他也不斷向牛排館經理請教葡萄酒的知識，慢慢他已經能夠正確的唸出酒名了，Judy反倒要向他請教呢。

有些飯店有做廚房盤點，但是考量到時間與效益性，往往只選一些使用量比較大以及單價比較高的貨品，做為盤點的項目，並非做全面性的盤點。而盤點的方式，是由廚房自行盤點，主管在盤點表上填上數字即可，成控室並未參與。這種做法就有一些彈性空間，實際處理上廚房主管若覺得當月成本太高，盤點表的盤存數量

與金額便會做多，以便讓成本降低一些。反之，若當月成本較低，則盤點表的盤存數量與金額便可以作少，讓成本提升一些以維持在目標範圍。

假設該飯店不做廚房的盤點，則所有直接進貨與領貨都是當期的成本，一般來說不做廚房盤點，只會在第一個月成本較高，其後每個月就差不多了。這種做法，簡單省事，有其方便性！但是，廚房在進貨時，需要考量到生意量，如果下個月初1號有一筆較大的訂單，廚房勢必要在月底進貨備料，這便會造成當月成本提高。所以，若有做廚房盤點，便可避免上述的問題。

JJ國際大飯店並沒有做廚房盤點，因此缺少上述的調節機制，成本多少便會在當月呈現。有一次，餐飲部協理Gorde找他說這個月成本太高了，屆時報表將會不好看，問他有沒有辦法。Alex 告訴他如果廚房有做盤點，則可以透過這個機制做微調，可是飯店並未做廚房的盤點。這時，Gorde突然說我有一個辦法，將廚房所領的貨部分退回給倉庫，下個月再領出來！這樣就可以減少當月的成本。Alex恍然明白，這純粹只是帳務處理，廚房並未真的將貨品退回倉庫。

然而這件事中間還頗有曲折，將廚房已領的貨品退回倉庫，雖然已經將項目減到最低，但是存貨的處理出現異常現象，有不合理之處，財務長與會計主任都表示不該如此處理。其後Gorde與財務長溝通後，提出下不為例的原則，這件事情後來便成為成本控制的一個案例！

之後Gorde還用了一個名詞，「創造性的會計（Creative Accounting）」替這件事情做了註解。

學習評量

1. 請說明盤點的意義。

2. 倉庫盤點會有差異，請問盤點有較大差異時如何處理？

3. 飯店不做廚房的盤點，原因為何？有何利弊？

4. 請說明存貨週轉率的計算公式。

5. 各餐飲點Outlet之盤點應注意哪些事項？

第十四章
市場行銷活動計劃預算

第一節　餐飲活動設計學苑

　　餐飲部門在國際大飯店營運中，扮演舉足輕重的角色，其人員編制、營收、採購金額等，大多超越客房部門，是一個活潑精彩的部門，因此，在行銷活動的設計上，也需保持其豐富性。餐飲行銷活動，多與傳統節日與特殊慶典或季節有關，中國人的節日有春節過年、元宵節、端陽節、七夕、中秋節、教師節、雙十國慶……等，還有重陽、大閘蟹祭等節令活動，若再加上清明、春假春遊、畢業季節謝師活動，整年就有許多活動的名目。西洋節日則有情人節、復活節、母親節、父親節、萬聖節、感恩節、聖誕節、新年……等，這些東西方的節日，已經是國人必過的節日，若再加上目前流行的異國美食節促銷活動，則幾乎每個月都可以有不同主題的餐飲活動了。

　　市場行銷的預算編製，與餐飲營收的預算同時編列，如何將行銷經費花在刀口上，這必須有完整的年度餐飲活動企劃。也就是說，餐飲部門在編列下一年度的預算時，便開始著手餐飲活動的設計了！

　　根據歷來的餐飲部門各據點的營收數據，可以知道有行銷活動的特殊節日，其營收比一般的日子多，因此，這是需要好好把握的日子。餐飲活動除了傳統節日之外，現在多著重在異國美食節的設計上，在某一段適合的季節，推出某一個國家或地區的風味美食，甚至搭配上該國傳統的音樂舞蹈與服飾，原汁原味的將異國美食搬來。然而舉辦異國美食節，卻未必一定有較高的利潤，因為整個活動需要許多開銷，包括食材、道具、佈置服裝甚至主廚與藝術表演人員……等，幾周的活動下來，若沒有增加更多的來客數，有時可能是虧本呢！但是舉辦國際餐飲活動，代表著大飯店的形象，有時未必全然以賺錢做考量。

　　近年來，國內消費者已經越來越多人喜歡追求所謂「米其林」美

食，不少人出國到歐美地區旅遊，順便也安排前往米其林星級餐廳朝聖，雖然所費不貲，但是為了夢想仍然在所不惜。因此，也有一些國際大飯店的餐廳，邀請國際知名米其林星級主廚前來客座，舉辦所謂米其林大師美食節，造成轟動，吸引許多消費者慕名前來品嘗。

　　舉辦任何活動都需要經費支出，尤其在行銷上的費用可多可少，餐飲部門主管可要求各個據點的單位主管，設計出下一年度的餐飲促銷活動，分別根據需求，提列活動的行銷費用預算。由於每個餐廳所提的餐飲活動，很多都是相同主題，在經費有限的情況下，這時便需要召開行銷預算會議，整合餐飲部門的活動，決定行銷經費的使用。大部分的飯店在年底前，便已經將下一年度的餐廳餐飲活動計畫決定好，行銷預算也同時定案！

第二節　各餐廳主管的創意

一、餐飲行銷活動計劃表

　　餐飲活動計畫是一種模仿跟隨，也是一種創意，當別人不斷推陳出新時，也同時刺激著同業。若是不能有新的構思，依照前人的樣子畫葫蘆也未嘗不可。餐飲部協理應該激發各餐廳經理與主廚的想法，請他們發揮創意，設計出與眾不同的餐飲活動。每個人都是不一樣的個體，每家飯店應該有自己的特色，如何發展出自己獨有的專門絕活，這是需要經過討論設計的。

　　餐飲主管可以召開有關餐飲活動計畫的工作坊，如「SWOT分析」，或是「腦力激盪」方法，或是「心智地圖法」，大家共同集思廣益，相互激盪，或許能激發出令人讚賞的火花。每一次活動的舉辦就多一次的學習，經驗的累積可以增加豐富性與視野深度，事後的檢討與改進，更能夠避開無謂的錯誤，讓活動更加成功。

茲以JJ國際大飯店某年度的餐飲行銷活動計劃為例，其格式是以每月份為主，將各個餐飲據點的活動設計統整起來，其主要重點有下列幾項，茲說明如下：

1. 活動主題：可以節日、慶典、美食節……等設計。
2. 策略與行動方案：舉辦活動的方式及行動的實施細節。
3. 活動期間：整個活動從開始到結束的時間。
4. 廣告費：刊登廣告的費用。
5. 材料費：佈置與印刷文宣品促銷贈品的費用。

請詳表14-1餐飲行銷活動計劃表。

表14-1　JJ國際大飯店　　　　　　　　　　　　　　成-04
餐飲行銷活動計劃

年度：＿＿＿＿＿＿＿　　　　　　　　　　　月份：＿＿＿＿＿＿＿

廳別	活動主題	策略與行動方案	活動期間	廣告費	材料費

廳別	活動主題	策略與行動方案	活動期間	廣告費	材料費

二、市場行銷活動計畫預算表

　　市場行銷活動計畫預算表，是將各廳點的餐飲活動計畫之費用彙總，其中包括廣告費與材料費，依照月份逐月編列，並將去年度的費用拿來比較並列，如此一來就能清楚的看出各廳點之間的差異性。市場行銷活動計畫預算與營收損益預算及FF&E預算……等一樣，都是一種計畫性收入與支出，預算編列的概念，必須事先做好計畫，方便事後檢核，編制好的預算金額，需經過董事會同意，來年才有經費可以動支。

　　請詳表14-2　市場行銷活動計畫預算表

表14-2　*jj* 國際大飯店　　　市場行銷活動計劃預算表　　成-05　269

年度：＿＿＿＿＿＿＿＿

廳別	項目	1月	2月	3月	4月	5月	6月	7月	8月	9月	10月	11月	12月	總計	去年總計
Brasscries	廣告費														
	材料費														
	其他														

廳別	項目	1月	2月	3月	4月	5月	6月	7月	8月	9月	10月	11月	12月	總計	去年總計
牛排館	廣告費														
	材料費														
	其他														
霞飛邸	廣告費														
	材料費														
	其他														
翡冷翠	廣告費														
	材料費														
	其他														
紅樓	廣告費														
	材料費														
	其他														
泰荷餐廳	廣告費														
	材料費														
	其他														
Genji	廣告費														
	材料費														
	其他														
大廳酒吧	廣告費														
	材料費														
	其他														
銀河酒吧	廣告費														
	材料費														
	其他														
夜總會	廣告費														
	材料費														
	其他														
宴會廳	廣告費														
	材料費														
	其他														
總計															

第三節　行銷預算編列的原則

行銷費用的多寡並無一定標準，有些產業的行銷費用，可能占總營收的10%以上，有些則只有1～2%，這必須看產業的特性而定。飯店業的行銷費用可以占總營收的2%左右，各部門依需求編列行銷活動計劃與預算。預算的編列需有根據，不能憑空想像，餐飲部協理必須收集去年，甚至以前年度的預算資料，再加上飯店業同行今年的活動資訊，若能知道他們明年度的餐飲活動更好，如此才能知己知彼，制定一個傑出的行銷活動計畫與預算。當然，餐飲活動的計畫除了市場考量外，也要思考到市場潮流與接受度，尤其要邀請國外主廚前來，各項的食材成本與費用必然增加，所以更要加強行銷，讓整個活動生意可以客滿，業績長紅，否則很可能會虧本。以下為編制此預算的一些原則，說明如下：

1. 收集至少過去3年的餐飲部營收資料。
2. 取得去年各餐廳實際發生的餐飲活動行銷費用。
3. 各餐廳主管先行編列下一年度餐飲行銷活動計畫，需有明確策略與行動方法。
4. 廣告與材料費預算總金額，應符合下年度營收預算的百分比。
5. 去年成果不佳的餐飲活動預算，應檢討修改，或減低或取消。
6. 盡量提出創新的活動設計。
7. 可以結合異業（如信用卡公司、酒類代理商、媒體）設計餐飲活動，減少廣告費用，增加曝光度。

第四節　飲務部行銷計畫

飲務部經理負責酒吧之經營管理，同時也要計劃促銷活動，對於

不同特性的酒吧，必須要有不同的做法。酒吧的促銷活動與餐廳的主題不同，是以酒類飲料為主角，屬於一種休閒娛樂，追求一個空間氛圍的體驗，因此，在行銷活動設計上，要有別於餐廳的方式。以特殊優惠來刺激消費，以下介紹幾種常見的酒吧行銷做法：

1. 淑女之夜 Lady's Night

淑女之夜一般是在夜總會及PUB夜店有跳舞的地方，一週之中設定星期（幾）為淑女之夜，當晚女士免費或免最低消費。其主要目的是吸引男士前來消費，尤其以夜店的消費型態，多是呼朋引伴一起參與，只要一有好康的事情，顧客很快就會蜂擁而至，甚至需要派人在門口維持入場秩序。這一天的生意相對會最好，男士會利用這天帶女伴來店消費，如此可以增加來客數，雖然平均消費額會稍低些，但整體來說營業額反倒會提升。

2. 快樂時光 Happy Hour

快樂時光多半設定在酒吧生意最清淡的時間，可能在下午4～6點，採取的做法可能是買一送一，或是點一定金額的飲料附免費的點心促銷。另外，在飯店中可以針對房客有特別的優惠，例如「房客歡樂日」，凡房客當天來消費有特別折扣或贈品。

3. 每月之酒 Wine (Spirits) of the Month

餐廳經常會與葡萄酒代理商合作推廣葡萄酒，由酒商提供促銷海報與桌卡之印刷，上面有幾款促銷葡萄酒，價格通常較為優惠，而且為了促銷起見，酒商還會提供獎金給餐廳服務人員，凡每推銷1瓶酒即可得到一定金額的獎金。由於葡萄酒適合搭配用餐，所以這種促銷活動多半選擇在餐廳來做，效果也較好，至於酒吧也可以推廣，只是效果較差些。

因此，在酒吧通常是以烈酒來做推廣，如威士忌、白蘭地、伏特加、特吉拉……等。活動優惠的方式有很多種，有搭贈促銷如買一送

一、有折扣如滿千送百、有特價如促銷期間內以特價供應等，酒商為了打該品牌酒款的知名度，這些推銷酒的優惠都是由酒商吸收，算是酒商行銷推廣費用的一部分。尤其能在知名飯店做促銷，具有形象上的助益。

4. 主題調酒祭 Thyme Cocktail Festival

調酒Cocktail中有許多大家耳熟能詳的名字，例如：曼哈頓、新加坡司令、金湯尼、奇奇、邁泰、瑪格麗特……。在熱帶地區的酒吧由於天氣較熱，他們所提供的各式調酒，會以冰沙的方式呈現。有一家飯店的酒吧曾經以莓子瑪格麗特Berries Margarita的主題調酒方式做促銷活動，作法是某月份製作一系列的各種莓子口味的瑪格麗特，例如覆盆子、小藍莓、蔓越莓、草莓、鵝莓、木莓、楊梅、大黑莓、……等。這種促銷活動並無任何折扣優惠，但是它帶來一種刺激與新鮮感，對飯店形象有正面意義。

上述幾種促銷活動的做法，有折扣或優惠的地方，其應收而未收的金額，通常都以標準成本計算後轉入費用，其使用的會計科目可以是行銷費用。

名詞解釋

1. SWOT分析：SWOT分別是優勢（Strength）、劣勢（Weakness）、機會（Opportunity）、威脅（Threat）四個英文字的簡稱，優勢（Strength）和劣勢（Weakness）屬於內部環境，即是企業與其競爭者或是潛在競爭者（技術、產品、服務）的比較結果，而機會（Opportunity）和威脅（Threat）則是分析外力的影響。

2. 腦力激盪（Brainstorming）：此法係奧斯本（Alex F. Osborn）於1938年提出，利用集體思考的做法，激盪彼此的創意構想，使發生連鎖效應，得以在短時間內，獲得大量的構想法。運用此法時，主持人

要先營造和諧的團體氣氛，不存任何偏見，鼓勵大家發言，並適時導正偏題或獨占發言的人，不批評、不指謫、激發小組的創意。

3. 心智地圖法（Mind Mapping）：是一種刺激思維及幫助整合思想與訊息的思考方法，也可說是一種觀念圖像化的思考策略，所以它是一種圖像式思維的工具。在結構上，具備開放性及系統性的特點，能讓使用者自由地發揮聯想力，又能有層次地將各類想法組織起來，以刺激大腦作出各方面的反應，從而發揮全腦思考的多元化功能。

4. FF&E：Furnishings，Furnitures & Equipments的縮寫，是指室內陳設、傢俱、營業器皿等。

5. 文宣品（Flyer）：即促銷活動的小傳單。

6. 促銷贈品（Gift）：為了某一個促銷活動而設計訂製的小禮物，它也可以是飯店的紀念品，視活動的意義而定。

7. PUB：英文為Public House，通常是指英式酒吧，與美式酒吧BAR有所區隔。

A-story

佛朗明哥的熱情

舞台上一名身著紅色緊身長裙的女郎，正隨著旋律曼妙起舞，一位肥胖的吉他手炫技般演奏著音樂，並用他沙啞的歌喉唱起一首西班牙民歌，性感而滄桑，不久另一名男性舞者雙手強烈的打拍，並雙腳踏著地板隨著女舞者翩翩起舞。吉他旋律、歌聲、手拍腳踏的舞者、快速的節奏，這充滿熱情的舞蹈正是著名的西班牙「佛朗明哥」。觀眾的目光顯然被吸引，現場的氣氛瀰漫著濃烈的異國風情，而表演的場所是在JJ國際大飯店的咖啡廳。Alex站在餐廳的角

落欣賞著表演，也一邊感受「西班牙美食節」的魅力。

　　去年餐飲部在做今年度的餐飲活動計畫時，Gorde便曾提到今年五月將要在咖啡廳舉行為期二週的西班牙美食節，而且將請到知名主廚前來客座主持，另外還有佛朗明哥的舞者與樂師。除了咖啡廳的大型活動外，八月於翡冷翠餐廳將請來米其林三星的名廚前來獻藝，這將是另一場更重量級的美食活動。

　　今年四月底時，咖啡廳的廚房就開始忙碌起來，西班牙客座主廚 Galeno 帶來了一些特殊食材，其中有西班牙著名的番紅花Saffron、松露Truffle與雪莉酒Sherry wine。這些食材需要辦理驗收並確認金額後才能使用，由於是少量，也是自行攜帶進來，並沒有關稅問題，所以Alex協助驗收核對過貨品與清單後，便將單據先收起來，要等到下月初再入帳。這是因為美食節是下個月才開始，如果月底就入帳，會影響到本月成本。另外有些食材需要慢慢使用，所以這部分東西將入倉庫儲存，屆時再開單領出來使用，下個月初要實際入帳時，便須分為一部分直接，一部分倉庫。

　　Alex被要求替西班牙美食節計算其成本，以便於事後分析其活動的損益。於是他與咖啡廳經理珍妮、副主廚大衛討論過此事，請他們配合在這段期間內，所有與美食節活動有關係的進貨與領貨，都要註明「西班牙美食節」字樣。但是這其實相當困難，因為咖啡廳不像其他正式西餐廳，咖啡廳一天有五個餐期。有早餐、午餐、下午茶、晚餐、消夜，其中午晚餐與下午茶是採用自助餐Buffet方式。為了成本分析上的方便性，餐飲部協理決定美食節期間除了午晚餐之外，下午茶也列入美食節的活動中，但是菜單由大衛安排，可以利用西班牙美食節的一些菜餚加入。另外，早餐Breakfast Buffet的餐點由另一組廚師負責，在大廚房內準備，叫領貨都分開處理，並不與咖啡廳廚房混淆，成本能夠單獨分開處理。只是消夜是

第十四章　市場行銷活動計劃預算

275

單點菜單，必須由咖啡廳廚房處理，然而考量到消夜的客數與收入並不高，所以決定以標準成本做為衡量美食節之外的進貨成本。

西班牙美食節的活動相當熱烈，活動前2天在宴會廳舉行的介紹晚宴，許多平面與電子媒體出席採訪，替西班牙美食節做了不錯的宣傳。為期二週天天客滿，午餐與晚餐翻桌率分別為1.3與1.6，餐價也比平常提高了100元。因此咖啡廳這回美食節營收共多出約$3,500,000元，比起去年「新加坡美食節」更為成功。

美食節結束後，Alex將咖啡廳所有與美食節相關的，直接進貨與倉庫領貨的成本計算與分析，並單獨將2週美食節的收入結算，得到如下數字：

餐期	客數／每天	總客數	平均消費額	餐飲收入
午餐	260	3,640	880	3,203,200
下午茶	315	4,900	550	2,425,500
晚餐	320	4,480	980	4,390,400
總計	720	10,080	815	10,019,100
直接進貨成本	1,855,472			
倉庫領貨成本	1,350,640			
預估成本	3,206,112			
預估成本率%	32%			

美食節期間的預估成本率32%，與五月份結帳後的實際成本率31.5%相距不多，與咖啡廳平時月份的實際成本率31%則稍高，是因為進口貨品使用得較多的緣故。有增加營收的同時也有增加費用，這次美食節有2位大廚、3位舞團，一共5位前來，安排住在飯店內，為期3週，使用三個房間，免費使用飯店的餐飲，再加上薪酬、機票、保險等所費不貲。再加上介紹晚宴、公關招待等，也有一筆開

銷，等會計部將所有費用算出來時，已經是月底了。據悉上述所有費用大約1,600,00元。整體而言，這次西班牙美食節的活動是成功的。

學習評量

1. 請問餐飲行銷活動有何特性？
2. 國際大飯店的餐飲行銷活動計劃，應包含哪些事項？
3. 行銷預算編列的原則為何？
4. 試為咖啡廳編制一個年度餐飲行銷活動計劃。
5. 近年來，國內消費者喜歡追求所謂「米其林」美食，也有一些國際大飯店的餐廳，邀請國際知名米其林星級主廚前來客座，舉辦所謂米其林大師美食節。請問舉辦這種美食節活動可以賺錢嗎？為什麼？

第十五章

餐飲成本分析報告

第一節　週報表的編製

一、廚房成本紀錄表

　　大部分企業的會計制度，都是採取月結帳與年度結帳，月結帳以月初到月底為一個循環，會計年度以1月到12月為一個循環作為區分。飯店餐飲部門活動量龐大，若是等到月底才知道結果，即使想做甚麼措施也為時已晚。所以，在月的循環期間，可以做出「週」（Weekly）的營收與成本報表，甚至一週2次（Biweekly）的成本報表，如此，餐飲部各責任單位，可以了解目前的營運狀況，即時做出應對措施。

　　由於成本的計算採各廳獨立呈現方式，週報表的編製需要將廚房成本，確實入帳與分帳，方能提出正確的預估值。為何是預估值呢？因為，真正確實的數值需等到月底結完帳才能呈現，所以週間報表只能是接近事實的預估值。任何報表都是要呈現「實際」的狀況，因此，週報表也是一樣，我們就必須以實際成本的公式來計算這週間的成本。其公式如下：

　　「實際成本」＝期初存貨＋本期進貨－期末存貨

　　「期初存貨」為上月底的「期末存貨」，期末存貨為本月底盤點之後的盤存，週報表由於尚未到月底，並未做盤點之故，因此計算上並無「期末存貨」。以經驗值估算，期初存貨與期末存貨兩者頗為接近，所以週間的成本分析只需計算「本期進貨」，畢竟，週間報表只能是接近事實的預估值。

　　茲以表15-1，紅樓台式創意料理餐廳，廚房成本紀錄表做範例予以說明：

範例

表15-1 JJ國際大飯店

紅樓餐廳　廚房成本紀錄表

年： 2015　　　月份： 5

日期	直接進貨	食品倉庫領貨	飲料倉庫領貨	內部轉帳	成本小計	相關減項	主管員工用餐	公關招待	淨成本 本日	淨成本 月累積	銷售額 本日	銷售額 月累積	成本率% 本日	成本率% 月累積
1 (五)	35,000	32,000	2,500	-	69,500	2,000	1,000	4,000	62,500	62,500	145,000	145,000	0.43	0.43
2 (六)	35,800	-	1,200	5,600	42,600				42,600	105,100	152,000	297,000	0.28	0.35
3 (日)	48,000	-	-	-	48,000	1,500	1,500	-	45,000	150,100	124,000	421,000	0.36	0.36
4 (一)	-	28,500	1,500	-4,000	26,000	1,200	1,200	3,000	20,600	170,700	138,000	559,000	0.15	0.31
5 (二)	26,000	56,000	1,050	2,000	85,050	-	-	-	85,050	255,750	160,000	719,000	0.53	0.36
6 (三)	23,400	31,000	2,000	-	56,400	-	-	-	56,400	312,150	172,000	891,000	0.33	0.35
7 (四)	24,800	25,000	3,200	2,500	55,500	1,250	-	2,100	52,150	364,300	142,000	1,033,000	0.37	0.35
8 (五)	23,000	45,000	4,800	6,200	79,000	3,200	2,430	3,620	69,750	434,050	135,000	1,168,960	0.52	0.37
25														
26														
27														
28														
29														
30														
31														
總計														

成本控制員：

成本控制室主管：

1. **直接進貨**：為餐廳廚房例行性叫貨，以生鮮貨品為主，直接進入廚房，由於市場每周一公休，故週日需進兩天貨。食品控制會計員每天將直接進貨之驗收單予以計算後，輸入正確金額。

2. **食品倉庫領貨**：為餐廳廚房針對生鮮以外之貨品，開單從倉庫所領取之貨品。這部分為食品類。食品控制會計員每天將領貨單予以計算後，輸入正確金額。

3. **飲料倉庫領貨**：為餐廳廚房針對烹調過程中所需的飲料品項，開單從飲料倉庫所領取之貨品。食品控制會計員每天將領貨單予以計算後，輸入正確金額。

4. **內部轉帳**：向其他廚房轉入的餐點或材料，金額以正數表列，若為本廚房轉出給其他廚房的餐點或材料，金額以負數表列。

5. **成本小計**：以公式處理，前面四欄加總即可。

6. **相關減項**：為廚房有出貨但無收入的情況，所做的一種調帳，例如：顧客抱怨之招待、冰箱故障所造成食材的損壞等。

7. **主管員工用餐**：主管有權利在餐廳用餐，除了有時工作時間較晚，錯過員工餐用餐時間外，也是一種對餐廳的了解與試菜。員工招待親朋好友在餐廳用餐則享有折扣，這部分折扣需予以扣除。（各飯店規定不同）

8. **公關招待**：飯店在許多時候因為公關的需要，會招待一些貴賓與媒體，或是前來訂席的顧客或是大客戶的聯絡人。用餐的成本需扣除。

9. **淨成本**：分為本日與月累積，本日是第5欄減6、7、8三欄，5月8日其金額為$69,750，月累積則是1～8號的累加，其金額為$434,050。

10. **銷售額**：從餐廳每日出納報表而來，5月8日其金額為$135,000，月累積則是1～8號的累加，其金額為$1,168,000。

11.成本率：本日成本率計算式爲（本日淨成本÷本日銷售額）5月8日其成本率爲52%，月累積成本率則爲（月累積淨成本÷月累積銷售額）到5月8日月累積成本率爲37%。

從此範例說明，可以知道2015年5月份，1～8號，該餐廳之食物成本爲37%，比標準成本率（目標成本率35%）高出2個百分點，這個數值可以提供餐飲部協理與該餐廳經理與主廚，做爲未來努力的方向之參考。

二、員工餐成本紀錄表（Employees Cafeteria Cost Record）

員工餐是餐飲業一般的福利，通常是免費的，由公司人力資源部門負責，成立員工廚房，聘請廚師負責員工伙食。員工伙食之供應除了是福利政策外，主要是考量到飯店的員工工作時都是穿著制服，不方便外出用餐。還有就是時間問題，即使是開放外出用餐，但是怕時間來不及，會影響到工作。而且餐飲服務是連續性的工作，同一個單位需要分批用餐，才不至影響服務顧客。

員工餐的費用是整體食品成本的減項，它需要有完整的紀錄，方便結帳時做費用的分攤與增減，如此才能得到正確的成本數字。大飯店對於員工餐之提供有一定的管理辦法，員工在上班期間可以免費使用，一般而言一頭班設定爲一餐，兩頭班設定爲二餐。員工用餐時必須使用「員工餐券」，員工餐廳主管負責回收餐券，現在很多地方都使用電子卡片（或儲值卡）做爲紀錄。

員工餐除了提供給上班的員工免費使用外，由於國際大飯店設有精品店，一般都在一樓大廳的地方，這些外租單位的員工，也有用餐的需求，因此可以設定一餐的費用多少錢，並賣餐券給這些單位，憑券用餐。但是爲了區別起見，餐券的顏色或內容必須不同。如此一來

員工餐廳仍然會有一些收入，必須分別入帳處理。

廚房轉帳欄位除了員工廚房向其他廚房轉借食品材料費用外，還有由餐飲部各個廚房及點心房，餐期結束用剩不適合再利用而轉送來的餐點，這部分由各廚房開立部門轉帳單，交給成控室做內部轉帳。此外，這個報表還能提供每天的用餐人數，以及平均一份員工餐約多少錢。

依表15-2員工餐成本紀錄表，月底結帳後，總成本欄位的數字，就是員工餐的費用。

**註：現在已有一些飯店將員工餐廳外包給團膳業者承攬，並不自己經營供餐，其做法則以實際付給承包商的費用入帳處理。

表15-2

採-03

員工餐成本紀錄表

EMPLOYEES CAFETERIA COST RECORD

MONTH：_____

日期	倉庫領貨	直接進貨	廚房轉帳	小計	減現金銷售	總成本	總用餐人數	每餐成本
1								
2								
3								
4								
5								
6								
7								
8								
9								
10								

日期	倉庫領貨	直接進貨	廚房轉帳	小計	減現金銷售	總成本	總用餐人數	每餐成本
26								
27								
28								
29								
30								
31								
總計								
日平均								

三、週報表 Weekly Report / Biweekly Report

當廚房成本紀錄表之成本計算清楚之後，即可著手製做週報表，其格式可用較為簡單的方式呈現，茲以JJ國際大飯店餐飲部為例，利用「每日銷售報表」格式，增加成本金額與成本率欄位，修改設計成「週報表」。

請詳表15-3，可以清楚看出5月1～8日，各餐飲據點的營收狀況與成本分析，收入部分是根據會計部門收入稽核（Income Auditor）/夜間稽核（Night Auditor）所彙總的每日營收報表而來，成本部份則是利用各餐飲據點的「廚房成本記錄表」所填入，如此就可以不定時做出週報表或半週報表了。

前面有提過，週報表只是預估值，並非真正的會計報表，它只為迅速提供經營者一個接近於真實的參考值。而且，週報表只提供「食品類」的食品成本（Food Cost），相對的，「飲料成本」（Beverage Cost）則僅在月底結帳後才呈現。並非飲料成本無法製做週報表，只是飲料收入在許多餐廳比重很低，不需要或者不值得做。至於酒吧也

表15-3　**JJ** 國際大飯店

<h2 style="text-align:center">週報表Weekly Cost Report</h2>

成本時間：2015/5/1-5/8　　　　　　　　　　　　　日期：2015/5/9

餐飲據點		總客數	食品收入		飲料收入		總餐飲收入		食品成本	成本率
			均消/人	餐點收入	均消/人	飲料收入	均消/人	總收入		
Brasseries										
	早餐	1,600	435	696,000	5	8,000	440	704,000		
	午餐	800	820	656,000	25	20,000	845	676,000		
	下午茶	980	520	509,600	0	-	520	509,600		
	晚餐	850	950	807,500	50	42,500	1000	850,000		
	消夜	340	480	163,200	20	6,800	500	170,000		
	總計	4,570	620	2,832,300	100	77,300	720	2,909,600	998,653	34%
牛排館										
	午餐	600	850	510,000	120	72,000	970	582,000		
	晚餐	520	1420	738,400	450	234,000	1870	972,400		
	總計	1,120	1115	1,248,400	273	306,000	1388	1,554,400	442,315	28%
霞飛邸										
	午餐	580	690	400,200	50	29,000	740	429,200		
	晚餐	500	1150	575,000	120	60,000	1270	635,000		
	總計	1,080	903	975,200	82	89,000	985	1,064,200	334,652	31%
紅樓										
	午餐	662	580	383,960	50	33,100	630	417,060		
	晚餐	730	950	693,500	130	94,900	1080	788,400		
	總計	1,392	774	1,077,460	92	128,000	866	1,205,460	434,050	36%
泰荷										
	午餐	640	680	435,200	20	12,800	700	448,000		
	晚餐	825	750	618,750	806	6,000	830	684,750		
	總計	1,465	719	1,053,950	54	78,800	773	1,132,750	321,021	28%
Genji										
	午餐	475	780	370,500	120	57,000	900	427,500		
	晚餐	415	1500	622,500	180	74,700	1680	697,200		
	總計	890	1116	993,000	148	131,700	1264	1,124,700	368,250	33%
翡冷翠										
	午餐	435	580	252,300	20	8,700	600	261,000		
	晚餐	368	1240	456,320	60	22,080	1300	478,400		
	總計	803	882	708,620	38	30,780	921	739,400	225,364	30%

餐飲據點		總客數	食品收入		飲料收入		總餐飲收入		食品成本	成本率
			均消/人	餐點收入	均消/人	飲料收入	均消/人	總收入		
宴會廳										
	會議餐飲	120	200	24,000	0	-	200	24,000		
	一般餐會	500	880	440,000	50	25,000	930	465,000		
西廚	酒會	113	450	50,625	120	13,500	570	64,125		
	外燴	150	950	142,500	50	7,500	1000	150,000		
	喜宴	205	1850	379,250	120	24,600	1970	403,850		
	小計	1,088	953	1,036,375	65	70,600	1018	1,106,975	312,324	28%
	一般餐會	515	850	437,750	50	25,750	900	463,500		
中廚	酒會	115	200	23,000	120	13,800	320	36,800		
	外燴	100	950	95,000	50	5,000	1000	100,000		
	喜宴	3,100	1880	5,828,000	120	372,000	2000	6,200,000		
	小計	3,830	1667	6,383,750	109	416,550	1776	6,800,300	2,123,245	31%
	總計	4,918	1509	7,420,125	99	487,150	1608	7,907,275		
	飯店總計	16,238	1004	16,309,055	82	1,328,730	1086	17,637,785	5,559,874	32%

因為盤點作業的時間點太晚與人力負荷頗重，且在期間所能計算出的成本，也因為酒類特性若是不做確實盤點，難以得到正確消耗量以計算成本，因此，多數飯店之成控室只提供「食品成本」之週報表（成-41）。

第二節　結帳作業流程

一、盤點作業

隨著餐飲活動的進行，從月初到月底，許多數值不斷在更新，每

一日、每一週會計部門記錄與處理著各式各樣的帳務。成本控制部門身為會計部大家族的一員，同樣處理著餐飲控制循環所有與成本有關的細節。

到了月底倉庫發完最後一筆領貨單之後，便可進入盤點作業。盤點是結帳的第一個步驟，依照安排好的順序，先做食品倉庫與飲料倉庫的盤點，之後便要到各餐飲據點去做盤點。目前多數飯店已不做「廚房」的盤點，只盤酒吧與餐廳的小酒庫。等做完所有盤點作業，就要展開後續結帳作業。食品與飲料成本會計員平常會將所有「驗收單」與「領貨單」入帳，盤點之後，再分別將盤點記錄輸入到各單位的盤點表裡。接著就要列印出「盤點差異表」，盤點之差異有多有少，檢視報表內各品項的差異是否在容許範圍內，如果有某品項差異太大，則必須找出原因，或是重新盤點，若是誤點則必須做更正。

※註：盤點差異計算表之表格請詳第十三章（表13-1；成-43）

二、倉庫盤點差異報表

做完實際盤點並且入帳後，需要檢討倉庫盤點差異，當這些差異都找到原因並可以合理解釋，或是在可接受範圍內，就需要製做一份與上月及去年同期之倉庫盤點差異比較表。茲以JJ國際大飯店2015年 5月之範例，說明如下：

1. 帳上庫存金額：即「期初存貨」＋「本期進貨」－「本期發貨」

2. 實際盤點金額：即倉庫內實際庫存總額

3. 倉庫盤點差異（多／少）：即帳上庫存金額－實際盤點金額

*除了本月份的數字外，再加入上月份與去年同期的數字，以利比較。

盤點完畢之後的表單有下列幾種：

1.倉庫盤點差異計算表

2.倉庫盤點差異報表

3.存貨週轉率報表

4.容器押金報表

盤點作業完成之後，會產出上述4種表格，這4份表格在第十三章（盤點作業）裡已做了詳細說明，這裡不再贅述。但在報告書中只要放入後3種報表即可，即「倉庫盤點差異報表」、「存貨週轉率報表」、「容器押金報表」。

第三節　餐飲成本分析報告書的編製

一、衆多結果的呈現

餐飲成本分析報告書，是成控室主任每月初的重頭戲，這份報告書提供許多分析比較的資料，做成各式各樣的功能性表單，呈現餐飲成本控制的結果。報告書的內容，有各餐飲據點的營收細項與比較分析、盤點資料、倉庫存貨週轉率、食品成本與飲料成本分析、餐飲成本調節表……等。這份報告書具有其財務會計專業性，因爲會計部之應付帳款與損益報表，都是根據成控室的報表而來，它提供給所有的權責單位，做爲成果驗收與未來經營的參考。

報告書依照目的性不同而大致可涵蓋下列建議的報表（表15-4）：

表15-4　餐飲成本分析報告書內容

No.	報表名稱	功能簡介
成-42	餐飲收入分析報表	詳細記錄餐各餐飲據點的營收狀況
成-43	倉庫盤點差異計算表	檢討倉庫盤點差異原因及其金額
成-44	倉庫盤點差異報表	倉庫盤點差異數據比較

No.	報表名稱	功能簡介
成-45	容器押金報表	食品與飲料容器押金帳目增減比較
成-46	存貨週轉率報表	倉庫存貨週轉率增減比較
成-47	食品成本調節表	解釋標準成本與實際成本的差異處，以及實際成本所必須調整的各種加減項費用
成-48	飲料成本調節表	同上
成-49	迷你吧營收分析報表	紀錄與分析迷你酒吧之營收與損益情況
成-50	實際與標準飲料銷售/成本摘要	在檢視各餐飲據點飲料銷售情形，及餐飲趨勢
成-51	餐飲部餐廳損益報表	表現餐飲部各餐飲據點損益情況
成-52	餐飲營運趨勢數據分析	彙總餐飲營運過去、現在之數據

每一種表單有其不同功能，呈現出不一樣的意涵，茲說明如下：

二、餐飲收入分析報表

這份報表詳細記錄餐飲部門各餐飲據點的營收狀況，包括當月份來客數、食品銷售額、食品平均消費額、飲料銷售額、飲料平均消費額、餐期等以及年度累積營業額等，並且比較去年同期的營收狀況。此外，增加記載飯店的住房率，各餐廳廚房的食品與飲料成本率，一般是放在報告書的第一頁，開門見山的展現餐飲部門的營運現況。

1. 客數／天：是指每天各餐廳各餐期來店消費的顧客人數。

2. 總客數：是指當月份各餐廳各餐期來店消費的顧客人數。

3. 均消／人（食品）：是指各餐廳各餐期來店消費的顧客，單次食品平均消費額。計算方式為食品餐點收入金額除以（÷）總客數。

4. **餐點收入**：是指當月份各餐廳各餐期的食品收入，計算方式為本月總客數乘（×）均消/人（食品）。

5. **均消/人（飲料）**：是指各餐廳各餐期來店消費的顧客，單次飲料平均消費額。計算方式為飲料收入金額除以（÷）總客數。

6. **飲料收入**：是指當月份各餐廳各餐期的飲料收入，計算方式為本月總客數乘（×）均消/人（飲料）。

7. **餐飲總收入**：即餐點收入加（＋）飲料收入。

8. **去年同期**：指去年同月份的營收狀況。

  *餐飲收入分析報表除了與去年同期比較之外，還可以與預算做比較，此外，還可以做年度累積的餐飲收入分析報表，如一月份到五月份的年度累積收入分析表，可分別與去年同期及預算做比較。

請詳表15-5「餐飲收入分析報表」之範例。

三、食品成本調節表

調節表可分為「食品」與「飲料」兩種，此表格最重要的功能為解釋標準成本與實際成本的差異性，以及實際成本所必須調整的各種加減項費用。此表需等盤點作業結束，入完所有當月份應入之帳，包括驗收單、領貨單、轉帳單、津貼折扣……等，並將當月份之電腦系統結束，一般稱之為「關帳」，之後才能開始準備製做調節表。

試以JJ國際大飯店為範例，如表15-6說明如下：

1. **粗估食品收入**：即每日營收報表之當月累積「食品收入」，（成-42）。

2. **調節金額**：為飯店所提供的津貼或折扣優惠，例如飯店與某信用卡公司合作，推出的優惠折扣。

範例

成-41

表15-5 JJ 國際大飯店

餐飲收入分析表 Food and Beverage Revenue Report

期間：May. 1-31. 2015   Date：2015/06/06

月：May
天數：31

| | | 來客數 | | | | 食品收入 | | | | 飲料收入 | | | | 總餐飲收入 | | |
| | | 本月 | | 去年同期 | | 本月 | | 去年同期 | | 本月 | | 去年同期 | | 本月 | 去年同期 | 差異 % |
		客數/天	總客數	客數/天	總客數	均消/人	餐點收入	均消/人	餐點收入	均消/人	飲料收入	均消/人	飲料收入	總收入	總收入	
Brasseries																
	早餐	450	13,950	467	14,477	450	6,277,500	445	6,442,265	0	-	-	-	6,277,500	6,442,265	-3%
	午餐	200	6,200	210	6,510	820	5,084,000	820	5,338,200	30	186,000	25	162,750	5,270,000	5,500,950	-4%
	下午茶	280	8,680	265	8,215	550	4,774,000	545	4,477,175	0	-	-	-	4,774,000	4,477,175	6%
	晚餐	265	8,215	250	7,750	960	7,886,400	960	7,440,000	60	492,900	50	387,500	8,379,300	7,827,500	7%
	消夜	50	1,550	62	1,922	450	697,500	435	836,070	20	31,000	20	38,440	728,500	874,510	-20%
	總計	1245	38,595	1,254	38,874	640	24,719,400	631	24,533,710	110	709,900	95	588,690	25,429,300	25,122,400	1%
牛排館																
	午餐	80	2,480	77	2,387	845	2,095,600	840	2,005,080	120	297,600	120	286,440	2,393,200	2,291,520	4%
	晚餐	95	2,945	92	2,852	1200	3,534,000	1,150	3,279,800	450	1,325,250	450	1,283,400	4,859,250	4,563,200	6%
	總計	175	5,425	169	5,239	1038	5,629,600	1009	5,284,880	299	1,622,850	300	1,569,840	7,252,450	6,854,720	5%
霞飛邸																
	午餐	70	2,170	72	2,232	680	1,475,600	675	1,506,600	50	108,500	50	111,600	1,584,100	1,618,200	-2%
	晚餐	65	2,015	67	2,077	1020	2,055,300	980	2,035,460	150	302,250	120	249,240	2,357,550	2,284,700	3%
	總計	135	4,185	139	4,309	844	3,530,900	822	3,542,060	98	410,750	84	360,840	3,941,650	3,902,900	1%

紅樓餐廳	午餐	50	1,550	52	1,612	680	1,054,000	668	1,076,816	120	186,000	102	164,424	1,240,000	1,241,240	0%
	晚餐	70	2,170	68	2,108	955	2,072,350	946	1,994,168	180	390,600	165	347,820	2,462,950	2,341,988	5%
	總計	120	3,720	120	3,720	840	3,126,350	826	3,070,984	155	576,600	138	512,244	3,702,950	3,583,228	3%
翠荷餐廳	午餐	80	2,480	82	2,542	675	1,674,000	662	1,682,804	20	49,600	20	50,840	1,723,600	1,733,644	-1%
	晚餐	100	3,100	97	3,007	720	2,232,000	712	2,140,984	80	248,000	80	240,560	2,480,000	2,381,544	4%
	總計	180	5,580	179	5,549	700	3,906,000	689	3,823,788	53	297,600	53	291,400	4,203,600	4,115,188	2%
Genji	午餐	60	1,860	65	2,015	780	1,450,800	770	1,551,550	60	111,600	120	241,800	1,562,400	1,793,350	-15%
	晚餐	65	2,015	72	2,232	1500	3,022,500	1,420	3,169,440	80	161,200	180	401,760	3,183,700	3,571,200	-12%
	總計	125	3,875	137	4,247	1154	4,473,300	1112	4,720,990	70	272,800	152	643,560	4,746,100	5,364,550	-13%
翡冷翠	午餐	95	2,945	92	2,852	520	1,531,400	516	1,471,632	80	235,600	120	342,240	1,767,000	1,813,872	-3%
	晚餐	120	3,720	112	3,472	1200	4,464,000	1,105	3,836,560	150	558,000	180	624,960	5,022,000	4,461,520	11%
	總計	215	6,665	204	6,324	900	5,995,400	839	5,308,192	119	793,600	153	967,200	6,789,000	6,275,392	8%
客房餐飲服務	收入合計	145	4,495	136	4,216	625	2,809,375	602	2,538,032	230	1,033,850	220	927,520	3,843,225	3,465,552	10%
Mini Bar	收入合計	0	-	-	-	0	423,651	-	523,647	0	1,023,645	-	1,234,120	1,447,296	1,757,767	-21%
大廳酒吧	其他	145	4,495	140	4,340	120	539,400	121	525,140	180	809,100	175	759,500	1,348,500	1,284,640	5%
	總計	145	4,495	140	4,340	120	539,400	121	525,140	180	809,100	175	759,500	1,348,500	1,284,640	5%
銀河酒吧	其他	110	3,410	112	3,472	120	409,200	123	427,056	350	1,193,500	340	1,180,480	1,602,700	1,607,536	0%
	總計	110	3,410	112	3,472	120	409,200	123	427,056	350	1,193,500	340	1,180,480	1,602,700	1,607,536	0%

項目	本月 (人數)	去年 (人數)	牛排館 人數	牛排館 金額	麥荷 人數	麥荷 金額	實飛邸 人數	實飛邸 金額	Genji 人數	Genji 金額	紅樓 金額	鄒冷翠 金額	成長率
夜總會　其他	150	4,650	120	558,000	118	530,410	400	1,860,000	368	1,654,160	2,418,000	2,184,570	10%
夜總會　總計	150	4,650	120	558,000	118	530,410	400	1,860,000	368	1,654,160	2,418,000	2,184,570	10%
宴會廳 西廚　會議餐飲	645	680	200	129,000	220	149,600	0	-	-	-	129,000	149,600	-16%
西廚　一般餐會	1,885	2,205	760	1,432,600	750	1,653,750	50	94,250	50	110,250	1,526,850	1,764,000	-16%
西廚　酒會	920	687	450	414,000	445	305,715	120	110,400	120	82,440	524,400	388,155	26%
西廚　外燴	1,200	920	950	1,140,000	932	857,440	50	60,000	50	46,000	1,200,000	903,440	25%
西廚　喜宴	1,300	1,200	1,820	2,366,000	1,805	2,166,000	160	208,000	120	144,000	2,574,000	2,310,000	10%
西廚　小計	5,950	4,350	921	5,481,600	1,180	5,132,505	79	472,650	88	382,690	5,954,250	5,515,195	7%
中廚　一般餐會	2,000	1,820	850	1,700,000	825	1,501,500	50	100,000	50	91,000	1,800,000	1,592,500	12%
中廚　酒會	450	420	200	90,000	400	168,000	120	54,000	120	50,400	144,000	218,400	-52%
中廚　外燴	400	425	950	380,000	925	393,125	50	20,000	50	21,250	400,000	414,375	-4%
中廚　喜宴	13,240	12,580	1,882	24,917,680	1,800	22,644,000	120	1,588,800	120	1,509,600	26,506,480	24,153,600	9%
中廚　小計	16,090	15,245	1,684	27,087,680	1,621	24,706,625	110	1,762,800	110	1,672,250	28,850,480	26,378,875	9%
宴會廳　總計	22,040	19,200	1,478	32,569,280	1,554	29,839,130	101	2,235,450	107	2,054,940	34,804,730	31,894,070	8%
飯店總計	107,135	103,985	828	88,689,856	814	84,668,019	120	12,839,645	123	12,744,494	101,529,501	97,412,513	4%

飯店住房率：　本月 85.4%　去年 84.6%

各據點占成本率：　咖啡廳 36.0%　中廚 34.5%　西廚 31.2%　牛排館 29.3%　麥荷 30.8%　實飛邸 33.8%　Genji 31.8%　紅樓 35.2%　鄒冷翠 28.3%　總計 31.8%

表15-6　*jj*國際大飯店

食品成本調節表

月份：2015/5/1 - 5/31

食品收入：	
粗估食品收入	85,456,830
減：調節金額（津貼折扣）	1,823,456
淨食品收入	83,633,374
食品成本：	
期初存貨	3,865,423
加：本期進貨	29,236,423
加：廚房用飲料	20,300
減：未退回押金	3546
小計	33,118,600
減：期末存貨	3,923,452
粗估食品成本	29,195,148
食品成本減項：	
員工福利項	564,253
員購	0
招待顧客	16,524
雜項	52,302
吧台使用食品	28,600
吧台招待食品	15,230
客房用水果籃	164,200
報廢食品	3,520
主管用餐與員工餐	1,002,345
食品成本減項小計	1,846,974
最終食品成本	27,348,174
標準食品成本	27,458,365
差異	110,191
最終食品成本率	32.70%
標準食品成本率	32.83%
差異	0.13%
備註：*成本率差異超過0.5%，需提出說明。	

3. **淨食品收入**：即第1項減（－）第2項。

4. **期初盤存**：即上月底之期末盤存。

5. **本期進貨**：為本月份各單位所有直接進貨之食品金額，加上從倉庫領取的貨品金額。

6. **廚房用飲料**：此為廚房在烹調過程所需要使用的飲料，大部分為烹調用酒。

7. **未退回押金**：此為食品容器之押金，在進貨時已經加計入貨款，如同「預付款」一般，因此在計算成本帳時需予以扣除。容器押金備有專門帳，當押金退回時需做沖銷帳，請詳容器押金報表，（成-45）。

8. **期末盤存**：即月底之盤存，將轉為下個月之期初盤存。

9. **粗估食品成本**：即期初盤存（＋）本期進貨（＋）廚房用飲料（－）未退回押金（－）期末盤存。

10. **員工福利項**：為飯店提供給員工使用的免費餐點，例如員工訓練時使用的茶點、員工生日蛋糕。

11. **員購**：即飯店提供給員工購買飯店的產品，所給予的折扣，例如：烘焙坊晚上9點以後，員工可以用5折購買麵包產品。

12. **招待顧客**：餐廳當有顧客抱怨時，外場主管所給予顧客的安撫性優惠甚至免費招待。

13. **吧台使用食品**：此部分為吧台使用某些食品類調製飲料。

14. **吧台招待食品**：此部分為吧台免費提供給顧客的零嘴，如花生、堅果、洋芋片等，目的為促進顧客多消費飲料。

15. **客房用水果籃**：即飯店免費送給房客的水果籃，由餐飲部提供。

16. **報廢食品**：因某些因素造成食品無法使用，此部份需予以扣除，如冰箱故障造成食品損壞不堪使用，或服務人員意外打翻餐點。

17.粗估成品食本淨額：即粗估成品食本（－）成本減項小計。

18.主管用餐與員工餐：此部分爲飯店給予主管在餐廳免費用餐的優待額度，及員工餐廳當月份所發生之食品成本，（成-31及成-33）。

19.最終食品成本：即粗估成品食本淨額減（－）主管用餐與員工餐，此爲最後計算出的眞正實際成本。

20.標準食品成本：即標準成本總額，所有菜單鍵入POS系統時，即設定每道餐點的標準成本，每日營收報表從電腦POS系統計算出之標準成本總額；此爲「目標成本」。

21.差異：最終食品成本（－）標準食品成本。

22.最終食品成本率：即最終食品成本除以（÷）淨食品收入。

23.標準食品成本率：即標準食品成本除以（÷）淨食品收入。

24.差異：最終食品成本率（－）標準食品成本率。

25.備註：當成本率差異過大時，需提出說明，因爲最終食品成本（實際成本）是最後眞正的經營結果，標準成本是一個「目標」，也是餐飲部門努力追求的終極目標。

四、飲料成本調節表

此飲料成本調節表，最重要的功能與食品類相同，爲解釋標準成本與實際成本的差異性，以及實際成本所必須調整的各種加減項費用。此表之製作，與食品成本調節表一樣，需等盤點作業結束，完成所有帳務處理，並將當月份之電腦系統結束，「關帳」之後才能開始準備製作調節表。

試以JJ國際大飯店爲範例，如表15-7說明如下：

1.粗估飲料收入：即每日營收報表之當月累積「飲料收入」，（成-42）。

表15-7　**jj** 國際大飯店

飲料成本調節表

月份：2015/5/1 - 5/31

飲料收入：	
粗估飲料收入	10,782,150
減：調節金額（津貼折扣）	38,564
淨飲料收入	10,743,586
飲料成本：	
期初存貨（飲料倉庫與酒吧庫存）	3,564,752
加：本期進貨	2,984,563
加：酒吧用食品	34,520
減：未退回押金	4,562
小計	6,579,273
減：期末盤存	3,552,675
粗估飲料成本	3,026,598
飲料成本減項：	
招待顧客	52,342
員購	0
員工福利項	3,245
廚房烹調使用飲料	15,230
報廢飲料	1,640
雜項	42,345
成本減項小計	114,802
最終飲料成本分析：	
最終飲料成本	2,911,796
標準飲料成本	2,924,234
差異	12,438
最終飲料成本率	27.10%
標準飲料成本率	27.22%
差異	0.12%
備註：成本率差異過大時，需提出說明。	

2. **調節金額**：為飯店所提供的津貼或折扣優惠，例如飯店與某信用卡公司合作，推出的優惠折扣。

3. **淨飲料收入**：即第1項減（－）第2項。

4. **期初盤存**：即上月底之期末盤存。

5. **本期進貨**：飲務部門基本上較少有直接進貨，大部分或者幾乎全部是從酒庫領取貨品，因此以領貨單之金額為主。

6. **酒吧用食品**：此部分為吧檯使用某些食品類調製飲料，是為成本加項。

7. **未退回押金**：此為飲料容器之押金，在進貨時已經加計入貨款，如同「預付款」一般，因此在計算成本帳時需予以扣除。容器押金備有專門帳，當押金退回時需做沖銷帳，請詳「容器押金報表」，（成-45）。

8. **期末盤存**：即月底之盤存，將轉為下個月之期初盤存。

9. **粗估飲料成本**：即期初盤存（＋）本期進貨（＋）酒吧用食品（－）未退回押金（－）期末盤存。

10. **員工福利項**：為飯店提供給員工使用的免費飲料，例如員工訓練時使用的茶點。

11. **員購**：即飯店提供給員工購買飯店的產品，所給予的折扣，例如：淘汰之飲料商品，員工可以用五折購買。

12. **招待顧客**：餐廳當有顧客抱怨時，外場主管所給予顧客的安撫性優惠甚至免費招待。

13. **廚房用飲料**：此為廚房在烹調過程所需要使用的飲料，大部分為烹調用酒。

14. **報廢飲料**：因某些因素造成飲料無法使用，此部份需予以扣除，如冰箱故障造成飲料損壞不堪使用，或服務人員意外打翻飲料。

15. 雜項：凡是飲料成本的減項，無法列入其他科目者皆屬之。

16. 成本減項小計：即10～15項之加總。

17. 最終飲料成本：即粗估飲料成本淨額減（－）成本減項小計，為最後計算出的「真正實際成本」。

18. 標準飲料成本：即標準成本總額，所有酒單鍵入POS系統時，即設定每道飲品的標準成本，每日營收報表從電腦POS系統計算出之標準成本總額。此為「目標成本」。

19. 差異：最終飲料成本（－）標準飲料成本。

20. 最終飲料成本率：即最終飲料成本除以（÷）淨飲料收入。

21. 標準飲料成本率：即標準飲料成本除以（÷）淨飲料收入。

22. 差異：最終飲料成本率（－）標準飲料成本率。

23. 備註：當成本率差異過大時，需提出說明，因為最終飲料成本「實際成本」是最後真正的經營結果，標準成本是一個「目標」，也是餐飲部門努力追求的終極目標。

五、實際與標準飲料銷售／成本摘要

　　酒吧與餐廳都有飲料的銷售，飲料種類繁多，在做銷售紀錄時可以分類項予以區分，目的在檢視銷售情形，及餐飲趨勢。在分類上可以有單杯飲料、單瓶葡萄酒、單瓶烈酒等項，視那一區塊比重較高，如此飲務部可以知道，應將重心放在哪一個地方。以JJ國際大飯店2015年5月飲料銷售與成本摘要為例，如表15-8說明如下：

1. 調酒&飲料（營收）：單杯飲料泛指各式含酒精與無酒精之飲料，以現在POS系統之功能性，尚可細分為更多類別。

2. 烈酒類（營收）：烈酒如威士忌、白蘭地、伏特加等，以單瓶銷售者。

3. 葡萄酒（營收）：除飯店指訂酒可以單杯銷售外，葡萄酒大多以單瓶銷售，葡萄酒指香檳、紅酒、白酒及粉紅酒。

範例

表15-8　JJ國際大飯店

實際與標準飲料銷售／成本摘要

月份：2012/12

酒吧／廳別 銷售分析 營收分類	Braseries	麥荷	Genji	霞飛邸	牛排館	大廳酒吧	銀河酒吧	夜總會	總計
調酒&飲料	105,200	85,200	82,300	82,000	279,850	781,200	1,222,000	2,230,500	4,868,250
烈酒類	45,000	18,000	25,000	56,200	78,500	65,420	42,000	52,330	382,450
葡萄酒	425,000	194,520	165,200	212,300	1,264,500	24,500	30,600	42,400	2,359,020
實際銷售額	575,200	297,720	272,500	350,500	1,622,850	871,120	1,294,600	2,325,230	7,609,720
標準銷售額	591,230	301,200	278,950	342,500	1,675,830	882,400	1,285,600	2,284,520	7,642,230
實際與標準差異	-16,030	-3,480	-6,450	8,000	-52,980	-11,280	9,000	40,710	-32,510
差異%	-2.7%	-1.2%	-2.3%	2.3%	-3.2%	-1.3%	0.7%	1.8%	-0.43%
去年同期差異	-2.3%	-1.3%	-2.5%	1.7%	-3.0%	1.2%	-1.4%	1.5%	-0.34%
實際成本：									
調酒&飲料	23,144	19,596	19,752	20,090	65,765	174,208	273,728	457,253	1,053,535
烈酒類	13,050	4,860	6,625	16,298	24,492	19,233	11,760	14,966	111,285
葡萄酒	116,875	54,466	46,256	59,444	404,640	6,860	8,568	11,872	708,981

酒吧／廳別 銷售分析	Braseeries	麥荷	Genji	霞飛邸	牛排館	大廳酒吧	銀河酒吧	夜總會	總計
總成本	153,069	78,922	72,633	95,832	494,897	200,301	294,056	484,091	1,873,800
成本百分比%：									
調酒&飲料	22.0%	23.0%	24.0%	24.5%	23.5%	22.3%	22.4%	20.5%	21.6%
烈酒類	29.0%	27.0%	26.5%	29.0%	31.2%	29.4%	28.0%	28.6%	29.1%
葡萄酒	27.5%	28.0%	28.0%	28.0%	32.0%	28.0%	28.0%	28.0%	30.1%
總成本	26.6%	26.5%	26.7%	27.3%	30.5%	23.0%	22.7%	20.8%	24.6%
標準成本	25.9%	26.2%	27.2%	27.6%	29.8%	22.8%	22.4%	21.5%	24.2%
差異%	0.7%	0.3%	-0.5%	-0.3%	0.7%	0.2%	0.3%	-0.7%	0.4%
銷售比例：									
調酒&飲料	18.3%	28.6%	30.2%	23.4%	17.2%	89.7%	94.4%	95.9%	64.0%
烈酒類	7.8%	6.0%	9.2%	16.0%	4.8%	7.5%	3.2%	2.3%	5.0%
葡萄酒	73.9%	65.3%	60.6%	60.6%	77.9%	2.8%	2.4%	1.8%	31.0%
總銷售額	100.0%	100.0%	100.0%	100.0%	100.0%	100.0%	100.0%	100.0%	100.0%

*備註：

4.實際銷售額：以每日營收報表飲料類實際收入爲準。

5.標準銷售額：以酒單與飲料單規劃時之所有飲料商品售價爲計算基礎，乘以所有賣出的數量。

6.實際與標準差異：第4項～第5項之差異金額。

7.差異%：＝（實際銷售額（－）標準銷售額）÷實際銷售額。

8.去年同期差異：實際銷售額（－）去年同期銷售額。

9.實際成本：區分爲單瓶烈酒、單瓶葡萄酒、單杯飲料等。

10.成本百分比%：區分爲單瓶烈酒、單瓶葡萄酒、單杯飲料等。

11.總成本%＝實際成本÷實際銷售額。爲實際成本率。

12.標準成本率%＝標準成本÷標準銷售額。

13.差異%：＝實際成本率（－）標準成本率。

14.銷售比例：區分爲單瓶烈酒、單瓶葡萄酒、單杯飲料及總銷售額等，以百分比%表現。

六、餐飲部餐廳損益分析試算表

此報表最重要的功能，在於呈現每一個餐飲據點（餐廳、酒吧、宴會廳、外店等）的部門利潤，越來越多的飯店採用所謂「利潤中心制」，以各個單位爲利潤中心。飯店要以餐飲據點爲單位中心，是因爲除了營收較爲容易切割外（可以根據每日營收報表），其餘餐飲成本、薪資、費用等，在切割上都有其難度。其原因有下列幾項：

1.共用一個或多個廚房

例如西廚之大廚房裡面有不同單位，提供多個餐廳的餐點或備料，大廚房有專門做湯品的單位、切肉房、點心房、主廚房、冰雕室、冷廚……等，所提供的餐點或備料，是給所有的西式餐廳及酒吧使用，另外，宴會廳的西式餐飲服務與外燴也是由大廚房所供應。所以在餐飲成本的計算上，大廚房的成本需運用比例原則或其他方法，切割分派到每個單位。

2. 人員薪資要重新定義

餐廳或酒吧有內外場人員，但是大廚房供應所有各廳點的材料與餐點，大廚房的薪資部分需分配到各廳點去。此外，行政管理與後勤支援單位的人事費用，也必須合理分配到各單位去。員工餐費用亦復如此

3. 租金費用之分攤

飯店本身之租金，需由客房與餐飲部門來承擔，可以面積比例或者單位營收比例做為分攤標準，餐飲部各營業單位也需依照比例原則做分配。

4. 能源費用之分攤

如前述。或者飯店在設計時，即已將各個營業單位之能源管線做獨立或者分表計費。

5. 其他費用之分攤

其他費用除了營業器皿、菜單、消耗備品外，大多是無法單獨區分到各廳點的費用，因此，仍需要重做分配。

由上述觀點可知，除非是單獨運作的餐廳，否則要做到各個廳點的損益分析，必須建立起可以接受的費用分攤方式。或者，整個飯店只分為中西餐飲兩大部門，計算上則方便許多。

利潤中心制度有其積極面，搭配獎勵措施，可以提高員工的向心力，鼓勵員工全力以赴，爭取提升業績，希望可以領到較高的獎金。但是，也因為自我中心的關係，單位間對於成本費用的分攤會斤斤計較，造成彼此間之摩擦與隔閡，甚至為了降低成本，不知不覺間傷害了該有的品質，這是在實施利潤中心制過程中，需要小心預防的地方。

此分析試算表中之「薪資」（除了員工餐）與「其他費用」，需由會計部門提供，成本控制室再根據所提供的數字，做合理的分配。

不過該如何分配上述費用，應該由權責單位-餐飲部協理決定，再呈給總經理與財務長認可。成控室依據所得到數字，完成此試算

請詳表15-9餐飲部餐廳損益分析試算表之範例。

七、其他費用

營業器皿：稱之為OE-Operation Equipment。

此費用為餐飲部門因為餐飲服務，所提供的各式餐具器皿，由於這些器皿容易破損，需要不定期補充，不至因當月採購，便一次做成費用，使得當月費用偏高。因此以「重置概念」將營業器皿費用化，即每月平均提存，當某月份有採購營業器皿（OE）時，再去沖這個帳，如此可避免費用起伏過大。

第四節　有價值的會計報表

餐飲成本分析報告書，是期間營運資料的呈現與分析比較，透過不同目的性而設計各式表單，填入各種營運結果的數據，讓經營者能一目了然，馬上掌握各種狀況，進而能做出正確的決策。本期的資料會成為下一期資料的比較對象，上一年度的營運資料，也是本期比較的依據，而其中具有指標性的資料，就是預算。預算是營運的目標，指引著經營者朝目標前進，此外，它也是實際經營結果的比較標的，餐飲主管們想盡辦法努力達成甚至超越預算。

一年12個月份，每個月有不同的情況，季節的差異，節日的不同，政府機關、學校、企業等的運轉，人民日常生活的習慣，宗教文化，民情風俗，所有活動都會對餐飲的需求產生變化。歷史營運資料記錄著過去年度的情況，也是未來營運上重要的參考值，因此，今天所完成的報表，將是下一年度的歷史資料。所以，在資料的彙整與報表的製作上，必須維持一致性，如此才能方便未來的資料比較。

範例

表15-9　JJ 國際大飯店

餐飲部餐廳損益分析試算表 F&B Dept. Outlet Profit & Loss Report

月份：

餐廳名稱	Brassries 麥荷		Genji		霞飛邸		牛排館		聰冷榁		紅樓		宴會廳		銀河酒吧		夜總會		大廳酒吧	
	金額	%	金額	%	金額	%	金額	%	金額	%	金額	%	金額	%	金額	%	金額	%	金額	%
營收																				
食品收入																				
飲料收入																				
餐飲收入																				
其他收入																				
租金收入																				
雜項收入																				
其他收入總計																				
成本																				
食品成本																				
飲料成本																				
總餐飲成本																				
薪資																				
直接薪資																				
臨時薪資																				

餐廳名稱	Brassries	%	秦荷	%	Genji	%	霞飛邸	%	牛排館	%	翡冷翠	%	紅樓	%	宴會廳	%	銀河酒吧	%	夜總會	%	大廳酒吧	%
	金額	%	金額	%	金額	%	金額	%	金額	%	金額	%	金額	%	金額	%	金額	%	金額	%	金額	%
員工福利																						
員工餐																						
薪資減項																						
總薪資																						
其他費用：																						
營業器皿																						
音樂娛樂																						
菜單																						
裝飾與花																						
制服																						
洗衣費																						
器具																						
消耗備品																						
印刷與文具																						
燃料																						
雜項																						
其他費用總計																						
部門利潤																						
總客數																						
平均消費額																						

一份有價值的會計報表，除了呈現本期的結果之外，它還能讓經營者掌握過去與未來的趨勢，在競爭激烈的產業中，看到變化的契機。這樣的一份報表，將會是企業重要的資產。

名詞解釋

1. 會計年度（Accounting Year）：一般企業都是以1月到12月為一個循環作為區分。依商業會計法第六條規定：【商業以每年一月一日起至十二月三十一日止為會計年度。但法律另有規定，或因營業上有特殊需要者，不在此限。】

2. 收入稽核（Income Auditor）：收入稽核通過對各營收單位之收入稽核，將飯店的預算與實際營收每日進行比較，並根據資料重新編制每日營收報表。細部核對工作內容包括:餐飲帳單與點菜單、出納收銀報告、房租、其他營業部門的收入情況、房客帳單……等。

3. 夜間稽核（Night Auditor）：夜間稽核的工作，是檢核各營業部門及各收銀點的收銀員、所交來的單據、報表等資料，對這些單據、報表確實查對，改正錯誤、以確保飯店收入的正確性。目前大部分飯店已經取消夜間稽核，直接由收入稽核負責。

3. 住房率（Occupancy）：即飯店每天有顧客入住的房間數，除以總房間數X100之值，通常以百分比%表示。住房率越高表示生意越好。

4. 利潤中心制（Profit Center）：以各營業據點為損益計算中心，該點的營收減除所有必需的費用後，即可得到當期的淨利潤（損失）。此制度多搭配獎勵措施，以營業額或淨利之設定比率或額度，做為獎金發放之依據。

5. 重置費用（Provision Operating Equipment）：以「重置概念」將營業器皿費用化，即將一年所需要添購的營業器皿費用，每月平均提存，當某月份有採購營業器皿（OE）時，再去沖這個帳，到了年底需做

沖帳的調整，如此可避免費用起伏過大。

6. 能源費用（Energy）：是指水費、電費、重油、瓦斯燃料費……等。

7. 薪資費用（Salary）：員工之薪資不單只是每月公司付給的薪水，它還包括許多費用，例如：勞健保業主分攤費用、退休金提撥、員工福利、獎金、紅利、教育訓練……等。

8. 自助式（Bufffet）：標榜all you can eat，吃到飽的自助式餐飲形式，目前已發展到開放式廚房，現點現做，所提供餐點飲料內容豐富，無限供應！

9. 標準成本（Standard Cost）：即飯店餐飲部主管所決定每個餐廳的「目標成本」，通常以「標準成本率（%）」表示，可分為食品成本率（%）以及飲料成本率（%）。

10. 進貨發票（Invoice）：會計部門可依照實際作業之方便性與完整性，要求供應商送貨時隨貨附發票，或者隨貨提供送貨單，於月底對帳後再開立發票。

11. 內部行銷（Internal Sale）：所謂內部行銷乃針對經營團隊自身，服務業特別重視人的因素，主管必須掌握員工的心，才能提升服務品質，進而創造部門的績效。Gronroos（1981）提出將員工為視為內部顧客，透過內部員工的滿意，達到外部顧客的滿足，此內部行銷的觀點，逐漸成為企業運作成功的要素。

12. 顧客跑單（Walkouts）：顧客未付帳即離開。

A-story

海外實習（Oversea Cross Exposure Training）

　　這次的海外實習並不是第一次，之前在點心房時，便曾經被派往香港的JJ大飯店實習，但這回是意料之外的，與二個月前亞太區

總監約翰的訪視有關，因為他改變驗收流程的建議被採納，他也曾表示若能到連鎖的飯店實習，應該有學習進步的空間，所以，這次Alex 將被派往日本東京JJ大飯店的成本控制部門做為期二週的海外實習。

東京JJ大飯店是新蓋的飯店，將原本位於赤坂的JJ停用，所有人員全部移到東京，目前才重新開幕不到三年。東京JJ大飯店時尚新穎，有42層樓，位於公園旁邊視野極佳，附近商業大樓林立，到了晚上燈海閃爍，漂亮極了。Alex被安排住在18樓，窗外就是公園，真是被禮遇呢！

接待他的是東京JJ的成本控制室主任，高島建明Tateaki Takashima，他除了是東京JJ的成控主任，也是亞太區的成控督導。他們的辦公室位於飯店四樓，辦公室裡有4位員工，一位食品成本會計員、一位飲料成本會計員及一位成控專員，此外他們也兼管倉庫，倉庫位於地下一樓，計有食品倉庫、飲料倉庫及一般倉庫，共有5名員工負責。這表示東京的餐飲部量體頗大，東京JJ有咖啡廳、Steak House、源氏日式料理、朝代中華料理、Firenze義式餐廳、路易士13法式餐廳，以及三個酒吧與一個大型Ballroom宴會廳。

高島在東京JJ已經10年，負責成本控制室已經6年，去年被提升為亞太區成控督導，算來也是Alex的上司。第一天，他帶他熟悉這裡的組織編制，與各部門之運作流程，介紹他認識一些單位主管，採購部主管食品的小谷'R、驗收單位的直木'R、食品倉庫的野田'R、飲料倉庫的八宮'S、一般倉庫的英殿'R……等。當然還有後來與他相處最久的食品成本會計員吉村'S、飲料成本會計員森口'S及一位成控專員宮本'R。第二天開始，他就到各相關部門去實習，在採購部門他仔細的詢問有關供應商管理一些做法，他發現日本的供應商與買家之間有很深厚的夥伴關係，很少會懷疑供應商的誠信，一但被確

認為供應商，除非有真的有重大違失，否則不會輕易變更。日本的稅制與台灣相似，貨品收據隨貨附送，採購流程大同小異，訂定需求貨品規格，請廠商報價，議價決定供應商，生鮮類一個月一次，雜貨類則四個月一次，叫貨已開始使用電腦作業了。

　　驗收單位位於地下一樓，與倉庫比鄰，空間寬敞還有空調，環境優良，驗收單也是用電腦列印好，等供應商送貨來，隨即點收，單據的設計一樣，供應商將不進倉庫的貨品送到暫存室內，暫存室有標示著各個使用單位的貨架，貨品就放置於貨架上，各使用單位會派員前來簽收取貨，倉庫的貨品就直接送到倉庫點收。比例上直接進貨較倉庫貨品少了許多。

　　而倉庫的設計真是令人耳目一新，三個倉庫連在一起，空間挑高寬敞，食品倉庫內依序設置走入式冷凍庫、冷藏庫及貨架，貨架是軌道式活動架，整體看起來乾淨俐落相當舒服。飲料倉庫則設有冷藏庫，軌道式活動貨架及一個專門放葡萄酒的大型低溫酒庫，帶出一種專業感。一般倉庫更是匪夷所思的巨大，除了軌道式活動貨架外，另有許多大型貨架，裡面存放了各種大小備品，此外尚有一區放滿了各式各樣的造型物品與裝飾品，這一區是美工部專用區，飯店的各式活動節慶所用到的道具都放在這裡。倉庫的作業目前仍然採用紙本，與台北JJ的做法一樣，不過他們預計後年開始將要導入電腦作業系統。

　　另外，飲料的成本控制流程與台北JJ相比，似乎相對簡單，與食品的控制流程差不多，Mini Bar的做法卻有些不同。台北JJ的Mini Bar是由各樓層負責的房務員在下午到飲料倉庫領貨，飲料類與食品類的貨品一起領，但並不分領貨單。而日本JJ的做法雖然也單一窗口一起領貨，但是區分食品與飲料不同領貨單。

　　他們目前的結帳作業差不多，月底那天倉庫做實際盤點，月初

那天開始營業前各個Bar做盤點，廚房並不做盤點。在關帳期間電腦系統暫停下一個月的帳務輸入處理，等完全結完帳與調完帳之後才再開放。成本控制分析報告書厚厚一本，涵蓋各種分析報告。比台北的還多。不過高島說這個並沒有硬性規定，各地情況不盡相同，完全看各點部門主管的需求而定。他提到，台北JJ有駐外單位（二個日系百貨公司的蛋糕咖啡專櫃，及一個大型會議中心的餐飲服務部），這就需要有專用的分析報表，日本反倒沒有。

在成控室的時間較長，高島帶他飯店內外到處逛，讓他有機會見識到各部門的作業方式，有二件讓他印象較深刻的事情。有一天晚上高島帶他去看一個在Ball Room 舉行的西式披露宴（喜宴），佈置得氣派豪華，每一張桌子上有桌卡，每一個位置都放上名牌，印好客人的名字，整個會場感覺到嚴謹、細心、用心。而且每位客人位置上都放有一本小冊子，裡面有英日文菜單、新人簡介、照片等，這種態度令人折服。高島拿出宴會部的「Function Order」宴會訂單，指出一場婚宴花費頗鉅，餐費是以人頭計費，酒水另計，場地佈置、樂團、活動企劃、主持、新娘秘書等皆由婚禮顧問公司負責，費用另計，此外，婚宴結束時送客的小禮物也非常精美。

另外一件事，是有一次高島帶他到員工餐廳用餐，等他們到時，成控室的另外三人馬上站起來，等高島招呼他入坐後，他們才坐下來，而餐點已經幫他們準備好了。這種上下屬的分際相當清楚，後輩對前輩的態度也是畢恭畢敬，這真是令他記憶深刻呢！

學習評量

1. 成控單位為何需要出所謂周報表？
2. 承上題，飲料成本為何不適合出所謂周報表？
3. 盤點完畢之後的表單有哪些呢？

4. 餐飲成本分析報告書有哪些內容呢？

5. 試說明成本調節表的功能。

6. 為何餐飲成本、薪資、費用等，在切割上都有其難度？

7. 何謂重置費用？

8. 餐飲成本分析報告書為何是一份有價值的會計報表？

第十六章

成本異常之檢討與趨勢分析

第一節　成本異常的原因

餐飲管理的立場，成本必須控制在合理的範圍，是最好的結果，成本太高當然不好，但是太低時，卻也未必是好，因為餐飲的品質可能偏低。這要看餐飲的屬性，以及其產品特性與銷售比重，例如自助式Bufffet餐廳，其食品成本必然較高，單點與套餐式荣單成本可以較低，另外，中餐與西餐的食品成本，通常中餐較西餐為高。但這並非一定如此，餐飲的經營有許多面向，也有不同的考量，經營者本身的認知與價值觀，也會左右食品的成本。然以一般性而言，餐飲成本有其經驗值，餐飲部門主管需根據各餐廳的產品組合與特性，來決定每個餐廳（或者廚房）的標準成本，亦即目標成本。當目標成本與實際成本有較大落差時，就必須深入檢討，找出原因，採取改進措施，以求兩者之間能夠更加接近。

餐飲成本是一個複雜過程的結果呈現，從規劃階段的荣單設計、成本分析、價格制定、餐飲營收預算的編制，執行過程的採購、驗收、直接進貨、倉庫領發貨、生產、服務銷售、盤點、抽點，到報表分析的餐飲成本報告書之製作等。每一個環節都有可能因為某些因素，而對餐飲成本有不當的影響，這些原因多數是人為造成的，我們有必要予以探討，找出原因以利改進！以下為各個環節可能出現成本異常的原因之彙總：

1. 荣單設計
   (1)荣單的品項過多或過少。
   (2)荣單過於單調。
   (3)未考慮食材的季節性與氣溫。
   (4)荣單格式設計不佳。
   (5)成本的計算不正確，影響訂價。

⑹菜名不易懂或太戲劇性。

⑺高成本菜色與低成本菜色項目不平均。

⑻低成本項目促銷不力。

⑼未考慮到市場接受度。

⑽菜單上的項目製備與服務太複雜。

2. 採購

⑴進貨數量偏高。

⑵採購價格偏高。

⑶未做經常性市場調查。

⑷採購沒有成本預算。

⑸未查核進貨發票及應付帳款。

⑹採購原料未有詳細規格說明，如:品質、重量、式樣等。

⑺採購政策缺乏競價性。

⑻採購人員與供應商勾結收回扣。

⑼與供應商關係不佳。

⑽採購過程不透明。

⑾採購集中於少數供應商。

⑿採購人員未盡責，採購作業鬆散，比價議價不確實。

3. 驗收

⑴驗收方法及程序並未查核。

⑵磅秤未經常校對。

⑶驗收人員偷竊。

⑷未確實檢查貨品之價格、品質及數量是否合格。

⑸缺乏適當的退貨系統及程序。

⑹易腐壞的食品暴露在外太久，未及時送與使用單位。

⑺驗收記錄不完整，每日查核不確實。

4. 倉儲

　(1)貨品儲存未適當分類。

　(2)貨品存放位置不適當，味道互相干擾。

　(3)儲藏的時間太久，未採「先進先出法」。

　(4)倉儲人員偷竊。

　(5)無適當旳倉儲及領貨程序。

　(6)倉庫溫度及濕度不恰當。

　(7)未設定安全庫存量。

　(8)每日庫存檢查不確實。

　(9)倉庫髒亂，衛生狀況不良，。

　(10)盤點不確實。

　(11)存貨報告不正確。

5. 領發貨

　(1)領貨單未有權限者簽名。

　(2)領貨及發貨權責不清。

　(3)發貨記錄不確實。

　(4)發貨數量不正確。

　(5)不注意發貨的價格計算。

　(6)無限制地發貨。

6. 生產過程

　(1)食材處理浪費，丟棄太多。

　(2)機器設備不良。

　(3)食品製備前處理之過程不正確。

　(4)生鮮貨品未做產出率測試。

　(5)進貨領貨數量過多或過少。

　(6)未建立標準配方表（食譜）。

⑺無訂單即出餐。

⑻烹調溫度與過程錯誤。

⑼食物處理的時間不當（過早或過晚）。

⑽未注意到剩餘食物的再利用。

⑾生產數量超過需求。

⑿廚房人員訓練不足。

⒀廚房人員偷吃及偷竊。

7. 服務

⑴無標準服務流程。

⑵服務人員訓練不足。

⑶無標準的餐點份量。

⑷無標準的份量測量用具供服務者使用。

⑸餐點離開廚房或端上桌缺乏記錄。

⑹延遲遞送餐點給客人。

⑺服務過程失誤過多。

⑻服務不佳及環境不衛生。

8. 銷售

⑴服務人員偷竊。

⑵出納人員偷竊。

⑶沒有銷售記錄與存查。

⑷外場人員與廚房勾結。

⑸餐點不具吸引力。

⑹內部行銷不佳。

⑺無適當促銷及廣告。

⑻顧客跑單未付帳。

9. 成本控制

　(1)未建立正確成本控制流程。

　(2)未設計及使用適當表格控制。

　(3)未檢核每日驗收單。

　(4)未查核每日的銷售報表。

　(5)未做不定期抽點飲料吧。

　(6)未做不定期抽查餐廳訂單與銷售紀錄。

　(7)未落實盤點制度。

　(8)未建立銷售預估及成本預算制度。

　(9)無菜單銷售分析或比較銷售與存貨消耗之關係。

　(10)沒有確實記錄價格變化（最佳買貨時機）

　(11)未查核人事授權及責任分配。

　(12)未將員工餐費用化（列入會計項目），做為成本減項。

第二節　檢討與改進

　　對應於上述影響成本的原因，我們必須深切檢討，並尋求解決之道，方能有所改進。針對上述各個環節的不良因素，茲提出下列因應策略，以為改進之依據。

1. 菜單設計

　(1)菜單的設計需考慮廚師的拿手餐點。

　(2)菜單不宜單調，需有豐富性。

　(3)應考慮食材的季節性。

　(4)菜單格式設計需搭配餐廳的特性。

　(5)所有菜單餐點需建立標準配方表，並做成本分析。

　(6)依據餐點成本制訂售價，決定標準成本率。

(7)加強低成本項目的促銷。

(8)考慮目標市場的顧客需求來設計菜單。

(9)定期做菜單分析工程，以爲更換新菜單之依據。

2. 採購

(1)建立採購程序，並嚴格執行。

(2)供應商管理需確實，保持良好關係。

(3)訂定採購規格標準。

(4)採購價格需經常比較市場行情。

(5)經常做市場調查，詢價訪價，建立檔案。

(6)需根據需求量訂貨。

(7)採購人員與供應商需有利益迴避原則。

(8)採購人員比價議價需確實。

(9)加強採購人員的品德教育及考評。

3. 驗收

(1)建立完善之驗收制度，驗收標準與作業規範。

(2)驗收設備與工具需充足，磅秤需定期校對，空間乾淨明亮。

(3)對貨品有疑慮時應請主廚及採購人員共同檢驗。

(4)確實查驗貨品之價格、品質及數量是否合格。

(5)需有適當的退貨系統及程序。

(6)生鮮貨品必須優先入庫或送達使用單位。

(7)加強驗收人員的品德教育及考評。

(8)驗收單據確實收集建檔。

4. 倉儲

(1)貨品儲存需適當分類，遵守先進先出原則。

(2)貨品味道強烈者應分別包裝，以免味道互相干擾。

(3)建立正確倉儲及領發貨程序，並嚴格執行。

(4)設定倉庫適當溫度及濕度，冷凍庫、冷藏庫及乾貨倉庫需不同。

(5)設定安全庫存量。

(6)保持倉庫乾淨，加強病媒防治，注意清潔衛生與通風。

(7)每日每月之盤點應確實。

(8)加強倉庫人員的品德教育及考評。

5.領發貨

(1)領貨單需有權限者簽名（單位主管）。

(2)無有效領貨單不得出貨，。

(3)發貨記錄需確實，數量需正確。。

(4)注意貨品的保存期限及價格。

(5)移動緩慢的貨品應提醒使用單位盡速提領利用。

6.生產過程

(1)請主廚建立標準配方表（食譜）與份量。

(2)食材應充分利用，不浪費。

(3)生鮮物料應確實制定產出率，以利成本控制。

(4)無點菜訂單廚房不可出餐。

(5)加強廚房人專業訓練，減少烹調過程之失誤。

(6)生產與服務需配合一致，出餐速度需恰當。

(7)廚房人員的管理應有一致的標準。

7.服務與銷售

(1)建立標準服務作業流程。

(2)加強服務人員的知能訓練，熟悉產品特性。

(3)訂定適當的激勵措施，提升服務效率即翻桌率。

(4)加強餐廳內外場服務作業流程之管控。

(5)加強服務人員點菜技巧，不誤點，提高消費額。

(6)服務工作責任區需劃分清楚。

⑺加強服務人員的品德教育及考評。

⑻加強內部行銷與對外促銷及廣告。

8. 成本控制

⑴建立正確之成本控制流程。

⑵設計及使用適當之成控表格。

⑶檢核計算每日驗收單。

⑷查核每日的銷售報表。

⑸不定期抽點飲料吧。

⑹不定期抽查餐廳點菜單與銷售紀錄。

⑺提供餐飲部每週1-2次成本報表，以利各單位之成本控制。

⑻落實倉庫與外點的盤點作業。

⑼建立銷售預估及成本預算制度。

⑽定期做菜單銷售分析或比較銷售與存貨消耗之關係。

⑾製作完整之成本分析報告書，以利管理單位參考。

⑿費用與成本調節需確實，以免影響實際成本。

第三節　趨勢分析報表

　　餐飲市場充滿了變數，經營餐飲服務業無時無刻都是一種挑戰，美味可口的餐點菜餚，優質的用餐環境，細緻恰當的服務，以及正確的成本控制，都是不能缺少的要素。一家餐廳經營的越久，代表市場的接受度越高，反之，則將如泡沫般消逝在沙灘上了。過去的歷史記錄著餐廳的經營軌跡，不同的時空背景有其時代意義，因此，如何在眾多的資料中，提出具有比較意義的報表，這時就需要「趨勢分析報表」。

　　趨勢分析報表提供經營者想知道的資訊，因此內容可以自行設

計，一家飯店有許多餐廳與宴會廳，每個餐廳的營運狀況不同，不同年份更有不一樣的表現。在年份的選擇上，可以列出過去5年的資料，甚至更多，比較的項目大致可以有：

餐飲收入、來客數、平均消費額、總收入、人事薪資費用、其他費用類科目、管理費用、行銷費用、能源費用、折舊攤提……等不一而足。這乃依據經營的的需求而訂定。

不過**趨勢**分析報表有其制定的原則，就是其比較的基礎必須一致，若是只有某些年份才有的資料，或短期的活動便不適合放進來。茲附上JJ國際大飯店的趨勢報表為例。請詳表16-1，餐飲營運趨勢數據分析之範例。

範例　　　　　　　　　　　　　　　　　　　　　　　　　成-52

表16-1　JJ 國際大飯店

餐飲營運趨勢數據分析Trend Analysis Report

年度：＿＿＿＿＿＿　　月份：＿＿＿＿＿＿

	月度			年度							
	預算	實際	去年同期	預算	實際	差異%	實際	實際	實際	實際	實際
	xx 年	xx 年	xx 年	xx 年	xx 年	xx 年	xx 年	xx 年	xx 年	xx 年	xx 年
淨食品收入											
淨飲料收入											
餐飲總收入											
住房率											
來客數											
平均每日客數											
周轉率											
平均食品消費額											
平均飲料消費額											
潛在食品成本差異											
潛在飲料成本差異											
食品成本百分比（%）											
飲料成本百分比（%）											

	月度			年度							
	預算	實際	去年同期	預算	實際	差異%	實際	實際	實際	實際	實際
	xx年	xx年	xx年	xx年	xx年	xx年	xx年	xx年	xx年	xx年	xx年
食品庫存周轉率											
飲料庫存周轉率											
各據點損益率（%）											
Brasseries BG											
霞飛邸 SF											
Genji GJ											
泰荷 TH											
牛排館 GR											
翡冷翠 FL											
紅樓 RH											
宴會廳 BQ											
銀河酒吧 GL											
夜總會 NG											
大廳酒吧 LB											

名詞解釋

利益迴避原則（Conflict of Interest）：利害關係人不得參加由當事人主持的業務或買賣，以迴避當事人借由職務之便，將生意給自己人謂之。利害關係人為當事人之本人、配偶或三親等以內之親屬。

325

A-story

委外經營標案（Outsourcing F&B Management）

　　春雨霏霏，萬物滋長，一棵小樹苗，不經意間已經高拔挺立，Alex在成控室也已經3年了。進入一個陌生的地方，由不熟悉到駕輕

就熟，他建立起自己在餐飲部與會計部的地位。因為他的努力，由服務的理念來服務同仁，以積極主動的態度來面對問題，成控部門已逐漸受到餐飲部的高度肯定，餐飲部協理Gorde更把他視為餐飲部的一員，喜歡找他討論事情。

有一天，Gorde找他談一件大型餐飲服務的委外招標案，由於公司向外拓點展店的政策，這回飯店將參加一個政府機構的委外標案。這個案子其實也是政府高層的邀請，希望能有五星級大飯店參與競標。該政府機構位於台北都心，是新建之辦公大樓，有7千多名員工在這棟大樓上班，共計有6個餐飲據點，希望餐飲服務能夠多采多姿，並有飯店級的服務。此標案採用「最有利標」，以企劃書、服務團隊、投資金額、餐飲種類及服務設計、每月租金……等項，各有不同的評分標準，並採現場說明，由專家與政府長官組成的評審小組評分，分數最高者得標。

Gorde對他說：「我已經向財務長爭取你加入這個企劃團隊，希望借助你的企劃能力與執行力，一起完成企劃書，參與公開招標評選」。Alex頗感到心動，這是一個新的嘗試，是餐飲管理的起點，規劃與設計，若能順利得標，則他更有機會去籌備新點的開幕，甚至未來獨力負責一個新的據點的營運。於是他向Gorde表示他將全力以赴，感謝他給予這個機會。

這是一個超級大企畫案，6個服務據點，最重要是必需提供一般員工餐，此外，最高層的觀景餐廳，次高層的觀景台、西餐廳、員工餐廳（宴會廳）、咖啡廳、烘焙坊等。委外經營者必須根據這些主軸，重新做細部規劃設計及施工，包括軟硬體設施。

事實上，Alex從這個招標案學到許多東西，餐飲項目種類的選擇，服務的方式，各廳點菜單的規劃設計，價格的制定，人力的安排，制服、餐券，預算的編列、甚至餐廳的規劃……等，一個從

無到有，有待完成的構思。招標書所列出的條件與說明，無論如何都必須遵循，經營的理念與創意，則讓Alex度過了無數的失眠夜。……經過一番努力，他終於完成「競標企劃書」，初次提到飯店部門主管會議上討論時，大家又給予相當多的建議，修改了無數次才定案。

觀景餐廳取名為「銀河Lounge」，以供應英式下午茶及西式套餐，屬中高價位，營業時間下午2:00～23:00。

西餐廳名稱為「陽光加州」，以半自助式Buffet方式，義式料理主餐由客人自行選擇。價位中等，每日供應午晚餐。

1樓「JJ咖啡廳」，全天候供應咖啡飲料及輕食，屬平價。

B1樓「JJ小棧」，是現場烘焙坊，供應新鮮的麵包糕點，營業時間配合公家上班時間。

而未來營收主力的宴會廳，則利用員工餐廳場所，規劃為2個大廳及5個包廂，全廳打通可以容納60桌以上。以親民的價格進入未來的婚宴市場。

在經營理念的介紹他寫下了：我們以五星級的規格，款待您與您的客人，專業細緻的餐飲服務，讓您享受不同的尊榮。另外，銀河Lounge高挑的落地窗，拉長了你我的視野，拉近了與天空的距離。……錯落有致的桌椅擺設，是為了讓您能捕捉最美的日景與夜景，一份飄逸、一點陶醉、無限鬆弛，全然是另類SPA，銀河邀您昇階蒞臨……。

皇天不負苦心人，JJ大飯店的團隊在公開競標中，評選第一，順利的取得5年的經營權，及一次優先續約權，開幕時間訂於半年之後。總經理、餐飲部協理與財務長開會後決定，讓Alex協助餐飲部副協理Moore王，負責新點的籌備，並調了餐務部小周與咖啡廳儲備實習幹部Jenifer加入籌備團隊。而在未來的半年裡，他們也不負眾

望，從人員的招募、訓練，裝潢工程的監督、菜單的設計、訂價、前台POS系統與倉庫的建置、制服、餐券、促銷、服務，終於將這個超級的新外點如期開幕。在營運初期有許多問題，但都一一的克服了，他體悟到，如果沒有在成本控制室的歷練，他是不可能順利的完成這樣的任務。2個月後，Moore王被調回餐飲部，Alex被任命為新據點的營運經理，是JJ國際大飯店派在此處的現場負責人。

這是一個難得的際遇與經驗，從內場走到外場，從後勤到前線，由基層到主管，這一路走來他遇到許多良師益友，每位前輩與主管都願意給他機會，而他也不曾讓他們失望。尤其成本控制室的歷練，讓他完備了餐飲經營管理的所有知識，豐富了餐飲服務的技能，成就了完整的餐飲資歷與歷練。他要感謝JJ國際大飯店的栽培，所有的長官與同仁，尤其是協助過他的同事們……。

學習評量

1.成本異常的原因相當複雜，原因為何？

2.請說明菜單設計上造成成本偏高的原因？

3.請說明採購方面造成成本偏高的原因？

4.請說明驗收方面造成成本偏高的原因？

5.請提出生產環節上成本偏高的改進措施？

6.請說明庫存管理上造成成本偏高的原因？

7.請說明銷售服務上造成成本偏高的原因？

8.請提出成本控制流程上改進成本偏高的措施？

名詞解釋彙編（Glossary）

1. 1 夸脫（qt）= 0.946升（L）

2. 1 品脫（pt）= 0.473升（L）

3. ERP系統（Enterprise Resource Planning, ERP）：稱為企業資源規劃系統，它是e化企業的後台心臟與骨幹，任何前台的應用系統包括EC、CRM、SCM等都以它為基礎。它是一個大型模組化、整合性的流程導向系統，整合企業內部財務會計、製造、進銷存等資訊流，提升企業的營運績效與快速反應能力。

4. FF&E：Furnishings，Furnitures & Equipments的縮寫，是指室內陳設、傢俱、營業器皿等。

5. GM公寓使用（Apartment）：因為國際大飯店的總經理通常都是住在飯店內，其使用的公寓可能是GM全家一起住，是指公寓所發生的費用。

6. POS系統：即銷售點管理系統，POS即Point of Sales，它是收銀系統，但其功能愈趨豐富，現在都以觸控螢幕為主，菜單、成本、售價、促銷優惠折扣、連線刷卡……等皆可設定。

7. POS系統：指銷售點管理系統Point of Sales，又稱之為點餐系統，是餐廳生產銷售服務與出納作業的電腦化系統。

8. Prime、Choice等級：美國農業部對牛肉商品所做的分級規定，主要是由成熟度（maturity）以及肋眼肌的大理石紋脂肪含量（marbling）兩種因素來決定。上述兩種決定因素評鑑所得的等級，共區分成八種，即極佳級（U.S. Prime），特選級（U.S. Choice），可選級（U.S. Select），合格級（U.S. Standard），商用級（U.S. Commercial），可用級（U.S. Utility），切塊級（U.S. Cutter）及製罐級（U.S. Canner）。

9. PUB：英文為Public House，通常是指英式酒吧，與美式酒吧BAR有所區隔。

10. SWOT分析：SWOT分別是優勢（Strength）、劣勢（Weakness）、機會（Op-

portunity）、威脅（Threat）四個英文字的簡稱，優勢（Strength）和劣勢（Weakness）屬於內部環境，即是企業與其競爭者或是潛在競爭者（技術、產品、服務）的比較結果，而機會（Opportunity）和威脅（Threat）則是分析外力的影響。

11. 人事費用（Personnel Expense）：即人力資源相關之費用，皆稱為人事費用而不稱人事成本，以避免與成本混淆。包含薪資、勞健保、紅利、年終獎金、員工福利、教育訓練、加班費、旅遊……等各種員工福利皆屬之。

12. 不預警抽點（Spot Check）：不預警抽點乃針對酒吧防弊而設，成控人員不事先通知，是一種突襲檢查，針對酒類庫存實施盤點，檢視是否正常。

13. 中央倉儲（Central Store）：包括「前處理區」、切肉房等。所有餐飲進貨品項全部都需進入中央倉儲，有些品項材料需要事先經過加工處理，有些則不需要。使用單位再根據需求，開立領貨單向中央倉庫領貨。

14. 內部轉帳：指各部門從其他部門轉借之食材或餐點飲料，開立轉帳單做為成本之內部調轉。

15. 內場：指未直接與顧客接觸之餐飲部員工，包括廚師、餐務人員。

16. 公制：度量衡單位，以公斤、公克、公升、公合、公尺、公分為計算標準。

17. 公關（Public Relation）：是指因為業務需要而招待媒體或重要貴賓。

18. 心智地圖法（Mind Mapping）：是一種刺激思維及幫助整合思想與訊息的思考方法，也可說是一種觀念圖像化的思考策略，所以它是一種圖像式思維的工具。在結構上，具備開放性及系統性的特點，能讓使用者自由地發揮聯想力，又能有層次地將各類想法組織起來，以刺激大腦作出各方面的反應，從而發揮全腦思考的多元化功能。

19. 手續費（commission）：這是指自進口貨品時，在報關處理時所發生的手續費用。

20. 文宣品（Flyer）：即促銷活動的小傳單。

21. 水果籃（Fruit Basket）：是指飯店免費提供給特定住房賓客水果籃，做費用處理。

22. 代支代付（Pay Out）：假設某公司的主管參加餐會，其司機須於外面等待，公司主管便交代餐廳先代支一筆誤餐費給司機，請司機在外面自行用餐，這筆費用併入他的帳單中，即為代支代付。

23. 加值型營業稅（Value-added Tax）：又稱為營業加值稅或簡稱加值稅，是就銷售貨物或勞務行為之賣價超過買價之加值的部份課稅。目前我國之加值型營業稅為營業額之5%。加值型營業稅採用稅額相減法計算應納稅額，營業人可統計每期開立統一發票之銷項稅額，減去該期取得進項憑證上所載進項稅額後，即可計算應納稅額。計算式：銷項稅額－可扣抵之進項稅額＝應納稅額。

24. 加權平均法（Weighted Average）：對領用原物料的計價在月末一次平均計算其價值，也稱全月一次加權平均法。

25. 半成品：是指廚房在前處理階段，有些材料已經做成再加一個步驟即可供應的產品，例如尚未裝飾的蛋糕、醬汁。

26. 半套式菜單（Semi-Set Menu）：是簡單自助式餐檯（沙拉吧）加上選擇性的主餐或飲料之菜單。

27. 可退費的容器清單：指所有含有押金的貨品容器，食品倉庫與飲料倉庫皆有，例如：牛奶瓶（箱）、啤酒瓶（箱）、可樂瓶（箱）、紹興酒瓶、米酒瓶……。

28. 外場：指直接服務顧客的餐飲部員工，包括餐廳幹部與服務人員。

29. 外燴（Outside Catering）：即到顧客指定的場所提供餐飲服務，傳統外燴業者為「辦桌」，都以中餐為主，飯店目前也多有開辦外燴業務，由宴會部負責。

30. 市場定位（Market Positioning）：是指一家企業的產品希望能在顧客的心目中形塑出什麼樣的感覺，以餐廳而言，是指其格調與消費之高低。

31. 市場調查（Market Survey）：市場調查可以配合採購部門一起進行，也可以獨自進行，主要目的是針對目前進貨品項的價格做市調，比較飯店購買價格與市場價格之差異。

32. 本期進貨（Total Purchased）：是本月份所有的「直接進貨」加上「間接進貨」（倉庫領貨）。

33. 永續性的飲料存貨帳（Beverage Perpetual Inventory）：即是飲料倉庫之永續盤存表，記錄著每種飲料品項，每次之進出帳及現有盤存數量。

34. 永續盤存帳卡（Perpetual Inventory）：每一項貨品製作一張帳卡，懸掛在貨架上，每次進與出貨，都需要在帳卡上詳細紀載，此為永續盤存帳卡。

35. 生產（Production）：指廚房或吧台人員接獲訂單（點菜單）後，將預備好的食材經過加工切割、製備烹調以供餐的程序稱之。

36. 目標市場（Target Market）：指餐廳最重要的消費客群。

37. 目標成本（Target Cost）：即標準成本，通常以總體成本為目標，一般以成本率（%）表示。每個餐廳的目標成本不一，應以其餐廳特性為訂定的標準。

38. 伏特加（Vodka）：是一種蒸餾酒，任何含有澱粉的農作物都能製造伏特加，包括馬鈴薯、玉米、裸麥、甜菜、樹薯等。在俄國，它以馬鈴薯提煉而成，在美國，卻以玉米或小麥等穀類蒸餾而成。

39. 先進先出（FIFO）：指倉庫的貨品在發貨時，先進的貨品必須先發出謂之。此為倉庫管理之原則。

40. 存貨週轉率（Turnover Ratio）：週轉率表示一個倉庫的營運效能，週轉率越高代表效能越高，反之則低。

41. 安全庫存量（Safety Stock）：是倉庫在下一次進貨到達之前，能夠充分的提供營業單位的需求之貨品數量。

42. 成本（Cost）：本書所稱之成本，單指餐飲成本，（餐）指食品、食材之成本，（飲）指飲料之成本，包括含酒精類與非酒精類之飲料。

43. 成本率（Cost Ratio）：指成本除以收入，用百分比表示，例如：成本為NT$3,350,000，收入為NT$10,000,000，成本率=33.5%。

44. 收入稽核（Income Audit）：其功能類似夜間稽核，但是更為細緻，主要工作是針對飯店的營收做帳務上的處理與稽核，從傳票分類帳到總帳之完成。

45. 肉品使用率測試（Butcher Test）：是指針對切肉房所購進的大塊肉品，如豬肉、牛肉、羊肉，進行部位切割分解之測試與紀錄，以便了解每一份的肉品部位之實際單價成本。例如買進一大塊牛肉肋排，經過分割可以得到大肋排Prime Rib、肋眼牛排Ribeye Roll（帶骨或不帶骨）、牛小排Short Ribs（帶骨或不帶骨）、邊肉排Blade Meat與一些碎肉和油脂。然而除非飯店內設有牛排館（Steak House）與切肉房（Butcher Room），專門處理牛肉，大部分餐廳廚房並不需要做肉品使用率測試。僅需作產出率測試即可。

46. 肉品產出率測試（Butcher Test）：這個測試最主要是想得到一塊肉品，分割後的真正份量及成本，例如肋排里肌、牛菲力或羊背排……等。飯店的肉房將生牛排、羊排等，處理成可用的份量。它可以建立起每磅最後可使用的肉品份量的比率，它可稱之為「成本因素」，方便去套用目前市場價格，以決定最新的份量成本，當然，必須維持一致的採購標準，就如同所提供的每塊肉品的份量是一樣的。

47. 肉品標籤（Meat Tag）：肉品標籤大部分是針對進口類的肉品而設，每一塊肉品在進食品倉庫時，需綁上肉品標籤，並在標籤上註品名稱、重量、等級日期、價格……等資料，並另做清單控管。當發貨時便將肉品標籤拿下，據以入帳並填入控管清單，但現在多已不再使用。

48. 自助餐菜單（Buffet Menu）：此種自助式Buffet本身並無菜單給客人，但是餐台上必須在每一道餐點前放置菜卡，標明中英文之菜名。

49. 艾碧絲（Absinthe）：是一款很強烈的草本液體蒸餾酒，它用多種的草藥如茴香、歐亞甘草、海索草、veronica、茴香、檸檬香脂、當歸……等。它的酒精含量從50%-70%都有，傳統飲法通常會將小方糖放在一把開槽的艾碧斯匙，再將冰水慢慢滴入匙子將糖融化滴入酒杯中飲用。

50. 行銷費用（Marketing Expense）：指因應行銷計畫所花費的各種廣告與活動宣傳之費用。

51. 利潤中心制度（Profit Center）：以各營業單位（餐廳、宴會廳）為一獨立單位，計算其損益，根據損益而設置獎勵制度。

52. 吧檯贈品（Bar Gratis）：是指吧台免費提供給顧客的零嘴，如花生、豆子、洋芋片……等，主要目的是希望顧客多消費酒類飲料。

53. 折舊（Depreciation）：是針對資產設備的價值評估，每一項設備有其使用年限，可根據年限（直線法）做折舊攤提，每年（月）固定提撥費用以為未來重置之需。

54. 折讓單（Allowances Form）：因為貨品之規格與品質與採購規格不符，但又在可以接受範圍或是時限上不得不收，要求供應商作價格上的折扣優惠所使用之單據。

55. 其他費用（Other Expense）：包括營業器皿、音樂娛樂、菜單、裝飾與花、制服、洗衣費、器具、消耗備品、印刷與文具、燃料、雜項……等。

56. 夜間稽核（Night Audit）：屬於大飯店會計部門收入稽核單位，主要工作是針對飯店各部門整天的營收做帳務上的稽核，由於工作時間是在大夜班，故稱之為夜間稽核。每天必須編製夜間稽核報告（Night Auditor Report）包括餐飲報告、總出納與客房）。※由於電腦資訊系統的功能日益進步，目前國內大部分飯店已取消夜間稽核，將工作併入櫃台出納完成。

57. 孟子：他主張人性是善的，只說一切都從內心而來，人只要能端正內心，那麼一切事情都沒問題了。

58. 彼諾甜酒（Pineau Des Charentes）：此為法國的一款使用白蘭地加入葡萄汁並放入橡木桶陳年的天然甜葡萄酒。

59. 房務部（Housekeeping Dept）：是飯店客房部門中負責客房清潔，與公共區域維護的部門。

60. 押標金（Bid Bond）：為保障公開招標之品質，防止劣質廠商競標，設有押標金規定，投標廠商需存入銀行一筆規定之金額，並由銀行開出銀行本票，做為押標金。

61. 波特酒（Port）：此為葡萄牙的一款酒精強化的天然甜葡萄酒。

62. 直接成本（Direct Cost）：指餐飲食材經過驗收後，不進倉庫，直接進到使用單位（廚房或餐廳）。

63. 直接進貨（Direct Purchase）：是屬於直接食物成本，此部分大多是生鮮貨品，應該盡快用完。

64. 促銷贈品（Gift）：為了某一個促銷活動而設計訂製的小禮物，它也可以是飯店的紀念品，視活動的意義而定。

65. 保證人數（Guaranty）：宴會廳接受團體訂餐時，有保證人數的規定，這與場地大小有關，也與備餐有關，一般主辦單位需於一周前做最低人數的確認，若不達保證人數，有相關規定。

66. 前台POS系統：即銷售點管理系統，是以收銀出納為主軟硬體系統，收銀人員打入交易，面對顧客做交易或服務操作的界面，POS機目前多以觸控螢幕為主，可連結印表機到各出餐點，尚可連結到後台管理系統。

67. 南北雜貨類（Grocery Items）：指各式各樣之米糧、罐頭、乾貨、調味品香料……等雜貨。

68. 恆溫酒櫃（Wine Cellar）：這是近年來專為保存葡萄酒類而設計之酒櫃，不同葡萄酒適合保存的溫度不一樣，香檳溫度最低，白葡萄酒約10-14℃、紅葡萄酒約12-18℃。恆溫酒櫃可以視需求而有不同尺寸設計，類似冰箱，唯內裝需考量葡萄酒需平躺放置的特性。

69. 重置費用（Provision operating equipment）：由於營業器皿（磁器、金屬、玻璃等餐具）容易破損，需要不定期補充，為了讓費用不至因當月採購，便一次做成費用，使得當月費用偏高。因此將營業器皿費用化，即每月平均攤提，當某月份有採購營業器皿（OE-operating Equipment）時，再去沖帳，如此可避免費用起伏過大。

70. 倉庫（Store）：指食品倉庫與飲料倉庫，各有專責倉庫管理員。

71. 員工關係Employee Relation：是指員工所享受的優惠折扣，每家飯店所給予員工在餐廳用餐的優惠不同，這部分優惠需轉成費用，從成本中剔除。

72. 套餐菜單（Table d'hote）：菜色已經組合成套，可能有不同價位的套餐，客人只需挑選哪一套即可。

73. 容器押金（Container Deposit）：是指某些貨品在購入時會有容器裝載，這些容器因為要回收再次使用，所以含有押金。

74. 特殊請購單（Special Order）：即臨時有特殊需求，不適合跑正常採購流程而採購時所使用的表格。

75. 能源費用（Energy Expense）：指水電費、瓦斯費、汽柴油等。

76. 退房（Check Out）：即顧客結束住宿，要結帳離開飯店。

77. 退貨單（Return Form）：已經收下之貨品因為使用時才發現品質有問題，而將貨品退回給供應商所使用之單據，裡面記載退回之品名數量及退回之原因。

78. 馬沙拉酒（Marsala）：此為義大利西西里島的一款酒精強化的天然甜葡萄酒，是加了烈酒（白蘭地）的強化葡萄酒（liqueur）。

79. 啤酒桶（Beer Barrel）：啤酒桶本身即是含有押金的一種容器。

80. 專業侍酒師（Sommelier）：源自法文的侍酒師一詞，是指受過葡萄酒服務專業訓練的服務人員，他具有豐富的葡萄酒專業知識，懂得以何種酒來搭配食物，在餐廳裡為客人介紹與建議挑選葡萄酒，來搭配所點的菜餚。專業侍酒師養成不易，優秀的侍酒師可以替餐廳創造高額營收。

81. 掛單（Out of Stock）：即菜單上的餐點，因食材的欠缺或已經售完，而無法提供點餐謂之。

82. 採購（Purchasing）：指飯店採購部門專門負責餐飲食材與飲料的採購人員。

83. 採購規格（Product Specifications）：即各單位對所需使用之各種食材與飲料品項之要求，如大小、顏色、重量、數量、包裝、品種、品牌、容量、保存條件……等。

84. 移動加權平均法（Weighted Moving Average）：此種方法，在每次購入原物料時，都需要重新計算一次平均單價。

85. 連鎖加盟（Franchisees）：即相同的餐廳在不同的地區開出，除了自身經營的餐廳之外，尚可讓其他人加盟經營同樣的餐廳，其要點就是要有相同的產品與服務品質。

86. 雪莉酒（Sherry）：此為西班牙的一款酒精強化的天然甜葡萄酒。可分為不甜Fino與甜酒Cream兩種。

87. 備品費用（Supplies Expense）：指各式消耗性的備品，如餐巾紙、牙籤、濕紙巾、外帶紙杯紙盒……等。

88. 備貨時間（Lead Time）：或前置時間，是指從下訂單到貨品進到倉庫的時間。

89. 單點套餐混合式（Combination Menu）：套餐的內容可以自由搭配，亦可以由單點菜單內配成套餐之選擇功能。

90. 單點菜單（a la carte）：指客人可以隨意挑選菜單上，所喜歡的菜餚餐點。

91. 期末存貨（Closing Inventory）：是本月底倉庫所做的存貨盤點之總額，本期之期末存貨將成為下月之期初存貨。

92. 期初存貨（Beginning Inventory）：本期的期初存貨為上個月底的期末存貨。

93. 琴酒（Gin）：是一種以穀物為原料經發酵與蒸餾製造出的中性烈酒為基底，加入以杜松子為主的多種藥材與香料調味後，所製造出來的一種蒸餾酒。

94. 發貨（Issuing）：指倉庫管理員接獲領貨單之後，檢視領貨單是否有權限主管簽名，將單上的食材依需求數量預備好，等使用單位人員來領貨時，再一一與之核對，並請其簽領。

95. 菜單分析工程（Menu Engineering）：餐廳經營一段時間後，可以為該餐廳之產品銷售做一番檢討，包括每項產品之銷售紀錄，成本、售價與銷售數量，如此可知每項產品的受歡迎程度與其毛利率，此分析工成可做為更換菜單的依據。其分析大致可歸為四類，即「明星型產品」、「跑馬型產品」、「困惑型產品」與「苟延殘喘型產品」。

96. 開放式酒吧Open Bar：是酒會中依照顧客的需求與預算而設計的一種飲料提供方式，一般可分為兩種方式，一種是免費提供給來賓，一種是由來賓自行付費購買。

97. 開放式採購單（Open P.O.）：即國際大飯店為有專用logo之備品之採購而設

置的採購單，因為採購量大，完成一次採購流程，決標後一年內多次分批送貨。

98. 開瓶費（Corkage）：此項收入為其他收入，指客人自帶酒類，餐廳為其提供酒器與冰塊，並為其開瓶，所收支費用，可以桌計費，也可以瓶計費，依飯店規定。

99. 間接成本（Indirect Cost）：指餐飲食材經過驗收後，進入倉庫，使用單位（廚房或餐廳）再根據需求開立領貨單，經主管簽核後再到倉庫領取貨品。

100. 損耗報廢表（Spoilage Report）：是指餐飲食材因為某些因素而不堪使用，必須做報廢處理。

101. 會計科目（Accounting Title）：所謂會計科目是進行會計記錄和提供各項會計信息的基礎。它是對會計要素的內容，按照會計原則進行分類核算和監督的項目，也是編製會計憑證、設置帳簿、彙編財務報表的依據。會計要素有五大類，分別是：資產、負債、權益、收益及費損（成本與費用）。

102. 腦力激盪（Brainstorming）：此法係奧斯本（Alex F. Osborn）於1938年提出，利用集體思考的做法，激盪彼此的創意構想，使發生連鎖效應，得以在短時間內，獲得大量的構想法。運用此法時，主持人要先營造和諧的團體氣氛，不存任何偏見，鼓勵大家發言，並適時導正偏題或獨占發言的人，不批評、不指謫、激發小組的創意。

103. 資格標：即投標廠商所需具備的資格之審查，其中可能包括該公司之資本額、經歷、領導團隊，專利技術、業界實績……等。

104. 資訊科技產業（Information Technology）：它也被稱為資訊和通訊技術（Information and Communications Technology, ICT），主要用於管理和處理資訊所採用的各種技術總稱。它是應用電腦科學和通訊技術來設計、開發、安裝和實施資訊系統及應用軟體。美國資訊科技協會將資訊科技定義為「對於一個以電腦為基礎之資訊系統的研究、設計、開發、應用、實現、維護或是應用」。

105. 運費（Freight Fee）：這是指自進口貨品時，運送過程中所需支付的運費。

106. 實際成本（Actual Cost）：是餐飲營運的最終真實成本，計算方式為：期初存貨＋本期進貨－期末存貨。

107. 滯留存貨清單（Slow Moving Items）：是指倉庫內的某些貨品，有很長一段時間都無使用單位提領，除了造成資金積壓之外，也讓該貨品不新鮮，須設法用掉，因此列出一份清單謂之。

108. 管理費用（Management Expense）：指行政管理之費用，包含行政主管人員與後勤支援部門之所有人事費用。此費用需由各營業部門分攤。

109. 價格標（Tender）：即開標之標的，以投標金額最低者得標。

110. 履約保證金（Performance Bond）：得標廠商須比照押標金之做法，於簽約時開立銀行本票給甲方，做為履約保證之用，在期間內若廠商無法履行合約內容，該筆保證金將被沒收。

111. 摩爾定律（Moore's Rule）：摩爾定律是由英特爾（Intel）創辦人之一，戈登·摩爾（Gordon Moore）提出，指IC上可容納的晶體管數目，約每隔18個月（另有一說每一年或兩年）便會增加一倍，性能也將提升一倍，在價格不變的情況下。

112. 標準服務流程SOP：將服務的每個環節如領檯、點餐等，其應該如何做的一連串動作，甚至說什麼話都予以規範，做成標準化的操作流程。SOP即是Standard Operation Procedure。

113. 標準配方表（Standard Recipe）：即一道餐點或飲料之食譜配方，加上其所使用材料之成本計算表，每一位廚師或吧檯員根據標準配方表，都可以做出一樣的餐點與調製出一樣的飲品。

114. 標準菜餚成本單（Standard Food Cost）：即一道組合成的主餐菜餚之成本計算，例如「蘑菇肋眼牛排」其中有「蘑菇醬汁」、「肋眼牛排」、蔬菜、焗烤馬鈴薯等。而蘑菇醬汁、焗烤馬鈴薯與肋眼牛排都需事先調理，依據標準配方表製作並計算出其成本，當主餐組合完成時，方有其總成本。

115. 樣品酒（Miniature）：樣品酒一般以烈酒為主，即所謂調酒用的六大基酒，容量約50cc，包括威士忌、白蘭地、琴酒、伏特加、龍舌蘭、蘭姆酒等。此外也有一些香甜酒Liqueur，例如:白柑橘、杏仁酒、咖啡、薄荷⋯⋯等。

116. 潛在成本（Potential Cost）：指所售出之餐飲產品其所應有之成本。

117. 熟成（Aging）：可分為乾式與濕式熟成法兩種，乾式熟成法（Dry Aging）：是指將牛屠體或大分切牛肉放置於恆溫、恆濕控制的冷藏熟成室中，利用牛肉本身的天然酵素及外在的微生物作用，來增加牛肉的嫩度、風味、和多汁性，讓牛肉呈現出最完美的味道。一般而言冷藏熟成室的溫度約在攝氏0度左右，濕度約控制在50～85%之間，熟成所需的時間則介於20天至45天之間不等。「濕式熟成-Wet Aging」則是指牛肉藉由冷藏運銷的同時，在真空袋內利用牛肉本身的天然酵素進行熟成作用，以增添牛肉風味的過程。

118. 銷售（Sales）：指餐廳服務人員將商品（餐點飲料）主動推薦給顧客，或接受顧客的點餐，並做後續服務。

119. 龍舌蘭（Tequila）：西班牙文，是一種墨西哥產、使用龍舌蘭草的心為原料所製造出的蒸餾酒。

120. 營收預測（Forecast）：為了更貼近市場現況，而提出下三個月之營收預測，與預算之編列一樣，但因為不是預算，故稱之為營收預測。

121. 營業器具（Operating Equipment）：是指餐飲服務所需的各項器具，例如：銀器、瓷器、玻璃器皿⋯⋯等。

122. 臨時工（part-timer ;PT）：臨時工多為學生，以工時計薪，有固定PT，也有臨時PT。

123. 韓非子：他是中國古代法家思想的代表人物，他認為人的本性是好逸惡勞，需要以法來約束，所以，管理上應當實行峻法，不講人情。

124. 點單（Captain Order）：即點菜單，當客人看過菜單，服務人員利用點菜單將客人所點的餐點記錄在上面，再將附聯送給廚房與吧台做為出餐用，目前可以用電子訂單取代，即所謂行動手持式裝置，如PDA，搭配POS點餐系統使用。若為宴會廳使用的訂單，則稱之為Function Order Sheet。

125. 關稅（Customs）：這是指自進口貨品時，該項貨品需依照本國之進口貨品關稅額支付，關稅額每種品項不一。

126. 競爭策略（Competition Strategy）：即餐飲部門針對競爭對手所採取的方法，如定價策略、促銷策略、例如：「4人同行1人免費」、刷卡打折、販售餐券……等。

127. 躉售物價（Wholesale Price）：或稱批發物價指數，是通貨膨脹測定指標的一種。躉售物價指數是用來反映大宗物資，包括原料、中間產品及進出口產品的批發價格，和廠商的關係較密切。它是根據大宗物資批發價格的加權平均價格，編製而得的物價指數。

128. 蘭姆酒（Rum）：蘭姆酒是用蔗糖的剩餘物，殘餘的糖稀或糖蜜釀造的蒸餾酒。

129. 驗收（Receiving）：指負責餐飲食材與飲料品項之驗收人員，是品質與數量的把關者。

參考文獻

1. Jack D. Ninemeier, ph.D., CHA(1990) Planning and control for food and beverage operations, educational institute of the AM&MA, Michigan USA

2. 許順旺（2005），《宴會管理實務》。揚智文化，台北。

3. 蘇芳基（2014），《餐旅採購與成本控制》，揚智文化，台北。

4. 康耀鉎（1997），《餐飲採購管理系統》。品度圖書，台北。

5. 萬光玲（2003），《餐飲成本控制》。百通圖書，台北。

6. 林芳儀譯（2013）Andrew Hale Feinstein; John M. Stefanelli著，《餐旅採購學》，華泰文化，台北。

7. 劉念慈、董希文（2010），《菜單設計與成本分析》。前程文化，台北。

8. 蔡曉娟（1999），《菜單設計》。揚智文化，台北。

9. 詹益政（1984），《旅館經營實務》。自行出版。

10. 陳哲次（2004），《餐飲財務分析》，揚智文化，台北。

11. 2014摘自美國肉類出口協會http://www.usmef.org.tw/trade/sell_data/s_product08.asp

12. 2014摘自http://zh.wikipedia.org/維基百科

13. 2014摘自財政部賦稅署 http://www.dot.gov.tw/dot/home.jsp

國家圖書館出版品預行編目資料

餐飲成本控制：理論與實務 ＝ Food & beverage cost control／張金印著. ——二版. ——臺北市：五南圖書出版股份有限公司, 2024.06
面；　公分. ——（餐旅系列；1L91）
ISBN 978-626-393-370-5（平裝）

1.餐飲管理　2.成本控制

483.8　　　　　　　　　113006802

1L91

餐飲成本控制──理論與實務

作　　者 ─ 張金印

發 行 人 ─ 楊榮川

總 經 理 ─ 楊士清

總 編 輯 ─ 楊秀麗

副總編輯 ─ 黃惠娟

責任編輯 ─ 魯曉玟

封面設計 ─ 姚孝慈

出 版 者 ─ 五南圖書出版股份有限公司

地　　址：106台北市大安區和平東路二段339號4樓

電　　話：(02)2705-5066　　傳　　真：(02)2706-6100

網　　址：https://www.wunan.com.tw

電子郵件：wunan@wunan.com.tw

劃撥帳號：01068953

戶　　名：五南圖書出版股份有限公司

法律顧問　林勝安律師

出版日期　2014年9月初版一刷（共三刷）

　　　　　2024年6月二版一刷

定　　價　新臺幣450元

經典永恆・名著常在

五十週年的獻禮——經典名著文庫

五南，五十年了，半個世紀，人生旅程的一大半，走過來了。
思索著，邁向百年的未來歷程，能為知識界、文化學術界作些什麼？
在速食文化的生態下，有什麼值得讓人雋永品味的？

歷代經典・當今名著，經過時間的洗禮，千錘百鍊，流傳至今，光芒耀人；
不僅使我們能領悟前人的智慧，同時也增深加廣我們思考的深度與視野。
我們決心投入巨資，有計畫的系統梳選，成立「經典名著文庫」，
希望收入古今中外思想性的、充滿睿智與獨見的經典、名著。
這是一項理想性的、永續性的巨大出版工程。
不在意讀者的眾寡，只考慮它的學術價值，力求完整展現先哲思想的軌跡；
為知識界開啟一片智慧之窗，營造一座百花綻放的世界文明公園，
任君遨遊、取菁吸蜜、嘉惠學子！